育儿大百科

梁芙蓉 编著 北京大学第一医院妇产儿童医院儿科主任医师
中国优生科学协会临床营养工作组委员会委员

中国轻工业出版社

图书在版编目（CIP）数据

育儿大百科 / 梁芙蓉编著．—北京：中国轻工业出版社，2021.7

ISBN 978-7-5184-1933-3

Ⅰ.①育…　Ⅱ.①梁…　Ⅲ.①婴幼儿－哺育－基本知识　Ⅳ.①TS976.31

中国版本图书馆 CIP 数据核字（2018）第 066943 号

责任编辑：付　佳
策划编辑：翟　燕　付　佳　　责任终审：张乃柬　　封面设计：杨　丹
版式设计：杨　丹　　责任校对：李　靖　　责任监印：张京华

出版发行：中国轻工业出版社（北京东长安街 6 号，邮编：100740）
印　　刷：北京博海升彩色印刷有限公司
经　　销：各地新华书店
版　　次：2021 年 7 月第 1 版第 4 次印刷
开　　本：720×1000　1/16　印张：17
字　　数：300 千字
书　　号：ISBN 978-7-5184-1933-3　定价：59.80 元
邮购电话：010-65241695
发行电话：010-85119835　传真：85113293
网　　址：http://www.chlip.com.cn
Email：club@chlip.com.cn
如发现图书残缺请与我社邮购联系调换
210644S3C104ZBW

写在最前面

学习育儿是一场修行

时刻学习做好父母

很多父母都有这样的至深体会：一直自认为能当一位好妈妈或好爸爸，然而，当自己和宝宝朝夕相处的时候，才发现需要重新开始学习如何做称职的好父母。

父母还会面对这样的困惑：在面对宝宝时，常常做出情绪战胜理智的事情，让自己内疚、后悔不已。其实，父母完全可以理智地回应，让宝宝开心，自己也达到目的。

我觉得所有的父母都不是圣人。所以，也不用过于自责，发现问题，能去努力解决就相当棒了。

职场妈妈需适时自我调整

不少职场妈妈，在宝宝三四个月大的时候就返回了工作岗位，宝宝大部分时间都是由老人或保姆照看。妈妈陪宝宝的时间少了，自然会心生愧疚，再加上工作和家庭的双重压力，心情有时会变得很糟糕。

我觉得，职场妈妈调整自己的心态很重要，把工作时间和家庭时间进行合理安排：周末休息时尽量带宝宝出去玩玩，上上亲子班、逛逛公园；平时下班能陪宝宝玩一会儿就玩一会儿，尽量在宝宝面前保持好心情，让宝宝感受到妈妈温暖的爱。

爸爸应该深度参与育儿

爸爸是男宝宝生命中重要的男性典范，对女宝宝来说，则是她生命中第一个异性典范。国外心理学家研究发现，爸爸参与较多的育儿工作，宝宝的语言能力更突出，解决问题的能力和社交能力也相对更强。

网络热点问题 TOP40

喂养、护理

疫苗

生病

智商、心理

运动

CONTENTS
目录

婴幼儿喂养及照护 宝宝吃好、睡好，才能身体好

宝宝的体检与疫苗注射
健康是一种责任，预防大于治疗

宝宝生病
好父母是宝宝的“第一医生”

宝宝语言的发展
从哭笑喊叫到流利说话

宝宝的运动发展
好体质从小就要培养

PART 6 宝宝的智力开发与早教 聪明宝宝养成记

PART 7 宝宝的心理和情绪管理 养育是父母的一场修行

宝宝急救指南 快速应对突发意外

婴幼儿喂养及照护

宝宝吃好、睡好，才能身体好

0～1个月

0～1个月宝宝的生长特点

项目＼性别	男宝宝	女宝宝
体重适宜范围（千克）	2.9～5.1	2.9～4.7
身长适宜范围（厘米）	48.6～56.9	48.0～55.7

注：以上数据均来源于卫生部2009年公布的《中国7岁以下儿童生长发育参照标准》。

新生儿 紧握拳；能哭叫；铃声使全身活动减少

0～1个月 焦虑关键词：母乳喂养

“没有母乳，我就不是好妈妈”

宝宝出生时，新妈妈们大都会信心十足地宣称：无论如何，也要坚持母乳喂养到2岁。但天不遂人愿。虽经历了各种催奶、调补，可乳汁并没有汩汩而流。于是，满脑子胡想“吃配方奶的宝宝易过敏”“吃母乳的宝宝更聪明、更健康”，那一段时间，又焦虑又失望，觉得自己没资格做一个好妈妈。

解决焦虑：有足够的爱，就是好妈妈

首先，泌乳不足的情况下，焦虑并不能解决任何问题，反而会影响泌乳。妈妈只有放轻松、多休息，重视饮食调理，让宝宝有效吸吮，才有希望让奶量增加。其次，如果真的因为各种原因不能母乳喂养，还有配方奶可选择。母乳是给宝宝的食物，而妈妈的关注与爱，才是让宝宝身心健康发育的有效保证。

特殊的生理现象

生理性脱皮

新生儿出生后2周左右会出现脱皮的现象。这是新生儿皮肤正常的代谢过程，旧的细胞脱落，新的马上就会长出来，不需要进行特殊治疗，但要小心护理。

生理性乳腺肿大

男女新生儿均可发生，在生后3～5天出现，乳房肿大如蚕豆大小，甚至可挤出少量乳汁。一般不必特殊处理，不可强力进行挤压以防继发感染，生后2～3周自行消退。

生理性黄疸

主要是由于胎儿在宫内所处的低氧环境刺激红细胞生成过多，使新生儿早期胆红素的来源较成人多，加之新生儿肝细胞对胆红素的摄取、结合及排泄功能差，故可引起生理性黄疸。一般于生后2～3天出现，4～5天最明显，足月儿一般在出生后10～14天消退，早产儿可能延迟到3周才消退。一般情况良好，具有自限性，加强观察，不用治疗。

粟粒疹

新生儿出生后，在鼻尖及两侧鼻翼可见到针尖大小、密密麻麻的黄白色小结节，略高于皮肤表面，医学上称粟粒疹。几乎每个新生儿都会有这种现象，一般出生1周后就会消退。

马牙

新生儿的上腭中线和牙龈切缘上常有黄白色小斑点，称为上皮珠，俗称“马牙”或“板牙”，多是上皮细胞堆积或黏液腺分泌物堆积所致。于生后数周至数月自行消失，不可用针去挑，以防引起感染。

喉鸣

新生儿喉鸣在刚生下来时还不明显，生后数周变得越发明显。这主要是新生儿喉软骨发育还不够完善，喉软骨软化造成的，一般在6月龄到周岁期间自行消失。

四肢屈曲

新生儿从出生到满月，四肢都是屈曲的，这是新生儿肌张力正常的表现。随着月龄的增长，宝宝四肢就会渐渐伸展，不会形成罗圈腿。

生理性抖动（惊跳反射）

多数新生宝宝在浅睡眠状态中当遇到声音、光亮、震动时常会出现四肢或身体无意识、短暂不协调的抖动，称为新生儿睡眠惊跳，是正常的生理表现。跟新生儿神经系统发育不完善有关，父母不必紧张。

科学喂养，营养一生

及时补充维生素 D

权威解读 《中国居民膳食指南》关于怎么补维生素 D

每日补充维生素 D 的量：10 微克（400IU）

人乳中维生素 D 含量低，母乳喂养不能获得足量的维生素 D，而维生素 D 有助于钙的吸收和利用。虽然适宜的阳光照射会促进皮肤中维生素 D 的合成，但这个方法不是很方便，所以婴儿出生后数日就应开始补充维生素 D，以维持神经肌肉的正常功能和骨骼的健全。

维生素 D 来源

出生 维持 2 周

天然食物 含量少

日光照射促使皮肤合成 主要来源

婴儿补充维生素 D 的方法

纯母乳喂养：在婴儿出生后 2 周左右，每日可在母乳喂养前喂给宝宝 10 微克维生素 D 制剂。

配方奶喂养：如配方奶中含维生素 D 达不到 400IU，需每日补充维生素 D400IU。目前，大品牌的配方奶基本都添加有维生素 D，当孩子每天摄入的配方奶量达 600 毫升时，一般可不用额外补充维生素 D。

延伸阅读

美国儿科学会怎么补充维生素 D

婴儿的皮肤非常娇嫩，美国儿科医生不建议让宝宝长时间曝露在阳光下，因为这样即使宝宝没有被晒伤，也会增加日后患皮肤癌的概率。

因此，美国儿科学会建议，从出生后，就要给母乳喂养的宝宝每天提供 400IU 的维生素 D 补充剂。对于人工或混合喂养的宝宝，父母可以参考配方奶上的营养标签，根据宝宝每天喝的奶粉量，计算每天摄入的维生素 D 是否达到 400IU。如果没达到，就要额外补充差额的量。

补充维生素 K

权威解读 《中国居民膳食指南》关于补维生素 K

每日口服维生素 $K_1$25 微克

母乳中维生素 K 的含量很低，每 1000 毫升母乳仅含维生素 K1 ~ 3 微克，初乳几乎不含维生素 K。推荐新生儿出生后补充维生素 K（肌肉注射维生素 $K_1$1 毫克），特别是剖宫产的新生儿，可有效预防新生儿出血症的发生 。

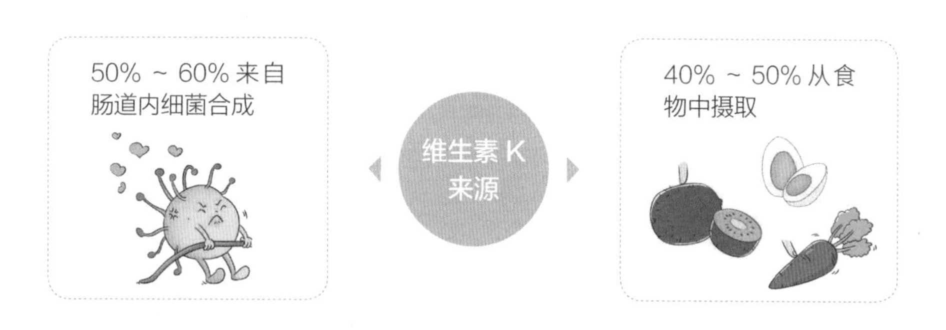

婴儿补充维生素 K 的方法

纯母乳喂养： 从出生到 3 月龄，可每日口服维生素 $K_1$25 微克，也可出生后口服维生素 $K_1$2 毫克，然后到 1 周和 1 个月时分别口服 5 毫克，共 3 次。

配方奶喂养： 一般不需要额外补充维生素 K。

妈妈适当多食富含维生素 K 的食物

足月顺产婴儿在母乳喂养的支持下，可以很快建立正常的肠道菌群，并获得稳定、充足的维生素 K 来源。但在婴儿正常的肠道菌群建立前，其体内维生素 K 合成少，尤其是剖宫产婴儿开奶延迟或得不到母乳喂养。或是早产儿和低体重儿，由于生长发育快，体内也易缺乏维生素 K。因此建议，乳母应适当多食富含维生素 K 的食物，如猕猴桃、青豌豆、圆白菜、菠菜、生菜、韭菜、西柚、奶酪、蛋黄、动物内脏、南瓜、胡萝卜等。

新生儿的喂养：母乳喂养

扫一扫，听音频

母乳是宝宝天然的抵抗力

权威解读〉《中国居民膳食指南》坚持 6 月龄内纯母乳喂养

母乳是婴儿最理想的食物

《中国居民膳食指南 2016》中指出：6 月龄内是一生中生长发育的第一个高峰期，对热量和营养素的需要高于其他任何时期。母乳喂养能满足 6 月龄内婴儿全部液体、热量和营养素的需要，母乳中的营养素和多种生物活性物质构成一个特殊的生物系统，为婴儿提供全方位呵护，助其在离开母体保护后，仍能顺利地适应大自然的生态环境，健康成长。

母乳的主要营养成分

蛋白质	大部分是容易消化的乳清蛋白，且含有代谢过程中所需要的酶以及抵抗感染的免疫球蛋白和溶菌素
脂肪	含有较多的不饱和脂肪酸，并且脂肪球较小，容易吸收
糖类	主要是乳糖，在消化道内转变成乳酸，能促进消化，帮助钙、铁、锌等的吸收，也能促进肠道内乳酸杆菌的大量繁殖，提高消化道的抗感染能力
钙、磷	含量不高，但比例适当，容易被宝宝吸收利用

滴滴初乳赛珍珠

提高新生儿的抵抗力，促进其健康发育

刺激肠胃蠕动，加速胎便排出，加快肝肠循环，减轻新生儿生理性黄疸

含多种抗体、免疫球蛋白、噬菌酶、吞噬细胞、微量元素，有利于建立成熟健康的肠道内环境

开奶 5 步曲，防止奶胀

为了宝宝的健康，越来越多的新妈妈选择母乳喂养。但是，很多妈妈使尽浑身解数也做不到开奶。那么，有什么方式可以让开奶变得简单轻松吗？

当新生儿娩出、断脐和擦干羊水后，即可将其放在妈妈身边，让其分别吸吮双侧乳头各 3~5 分钟。

2 产前开始按摩乳房

正所谓未雨绸缪。虽然开奶指的是产后，但是产前其实就可以做一些准备了，产前的乳房按摩就是一个很好的促进顺利开奶的好办法。

3 催乳师开奶

可以请催乳师协助开奶，通常按摩 1 小时就会有效果。催乳师还会教你一些促进泌乳和宝宝喂养的方法。

4 借助吸奶器开奶

必要时（如婴儿吸吮次数有限），可以通过吸奶器吸出乳汁，增加乳汁分泌。

5 正确姿势开奶

哺乳时要做到“三贴”，即婴儿的腹部贴着妈妈的腹部、婴儿的胸部贴着妈妈的胸部、婴儿的下巴贴着妈妈的乳房。这样的哺乳姿势有助于乳汁不断分泌。

延伸阅读

添加辅食后应继续给予母乳喂养

世界卫生组织认为，最少坚持完全纯母乳喂养 6 个月，从 6 个月龄开始添加辅食的同时，应继续给予母乳喂养，最好能到 2 岁。在 6 个月以前，如果婴儿体重不能达到标准体重时，需要增加母乳喂养次数。

帮助宝宝正确地含住乳头

掌握正确的哺乳姿势和含衔技巧，是成功喂哺母乳的关键，妈妈感觉舒适，乳汁流淌才会顺利。

母乳喂养的正确姿势

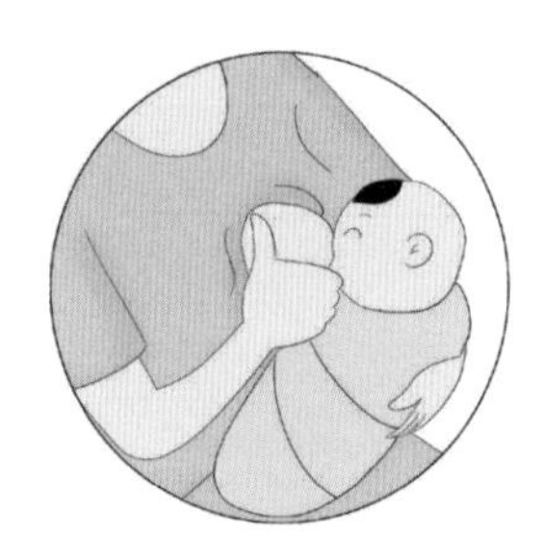

1

宝宝必须与妈妈紧密相贴

无论把宝宝抱在哪一边，宝宝的身体与妈妈身体应相贴，头与双肩朝向乳房，嘴处于乳头相同水平位置。

2

防止宝宝鼻部受压

须保持宝宝头和颈略微伸展，以免鼻部压入乳房而影响呼吸，但也要防止头部与颈部过度伸展造成吞咽困难。

3

妈妈手的正确姿势

应将拇指和四指分别放在乳房上下方，托起整个乳房哺喂，避免“剪刀式”夹托乳房（除非在奶流过急、婴儿有呛溢时），那样会反向推乳腺组织，阻碍婴儿将大部分乳晕含入口内，不利于充分挤压乳窦内的乳汁。

帮助宝宝含住乳头和乳晕

1. 在宝宝张大嘴时，帮助宝宝含住乳头和大部分乳晕，因为挤压乳晕才能使乳汁流出。仅仅吸吮乳头，会使乳头疼痛，而且由于吸吮到的乳汁少，宝宝可能哭闹甚至拒绝吸吮。

2. 若妈妈乳房很大，应用食指和中指在乳晕根部托按乳房，以免妨碍宝宝鼻部通气。这样做还可以防止奶水流得太快，引起宝宝呛咳。

3. 奶胀时乳头的伸展性差，宝宝不能有效地吸吮，这时可用手将乳汁挤出一些，或用热毛巾敷敷，使乳房柔软，帮助宝宝有效吸吮。

前奶和后奶，一个都不能少

前奶主要提供的水和蛋白质，相当于宝宝的开胃餐，解渴的同时还可避免摄入过多热量；而后奶是正餐，主要含有丰富的脂肪，热量高。所以说前奶和后奶的分工是不同的，下次喂奶千万不要挤掉前奶。

还要说明的是，前奶指的是每次喂奶的前几口，而初奶也叫初乳，指的是开奶 1 周之内颜色有些淡黄的奶。

喂宝宝时一定要让他把一侧乳房吃空，再换另一侧，这样才能保证前奶、后奶都让宝宝吃到。

判断奶水是否充足的 4 个标准

宝宝出生之后，一个重要的任务就是给他喂奶。宝宝吃饱了才会安稳入睡，但是很多妈妈发现宝宝老是吃不饱，或者一会就饿。是不是自己的奶水不足呢？下面就为大家介绍判断奶水充足与否的 4 个标准。

4
如果婴儿每天能尿湿 5 ~ 6 个纸尿裤，说明婴儿是吃饱的

育儿专家提醒

排空乳汁很重要

哺乳期的妈妈最容易出现乳腺炎的烦恼，如果乳汁不能排出，淤积于乳房，很可能会导致乳腺炎。所以在喂奶的时候，一定要让宝宝吸空一侧再吸另一侧。如果奶水较多，也可以用吸奶器吸出宝宝未吃完的乳汁。

母乳不足怎么办

1. 频繁哺喂，24 小时之内喂 12 次以上。

2. 早期奶水不足，妈妈光喝汤是不够的，适当增加主食也很重要。可以为妈妈增加点面食、谷类食物。

3. 喂完一边乳房，如果宝宝哭闹，不要急着给奶粉，而是换一边继续喂。一次喂奶可以更换乳房数次，乳汁不会被吃干的，而是越吃越多。

4. 要保证足够的乳汁分泌，需要消耗更多的营养素，因此妈妈应当补充牛奶、鸡蛋、鱼类、瘦肉、豆制品等富含各种营养素的食物，并适当补充水果、蔬菜，平时多注意补水、多吃富含汤水的食物。

5. 宝宝的吸吮可强有力地促进妈妈分泌更多的催乳素，因此一定要让宝宝多吸乳头，吸得越有力，乳汁分泌也就越多。彻底排空乳房是保持和增加奶量的重要方法。如果一侧乳房奶量已能满足宝宝需要，应将另一侧乳汁用吸奶器吸出。

6. 过度疲劳、心情焦躁、精神抑郁、缺乏自信以及强烈的情绪波动，都会大大影响泌乳功能。因此，妈妈应保证足够的睡眠和休息，良好的心理状态和有规律的生活节奏，这是增加奶量的关键。

7. 有不少中药具有催乳作用，如王不留行、穿山甲、黄芪、白芷、川芎等，可将中药与食物同煮，如黄芪鲫鱼汤。

8. 哺乳期间，妈妈要避免摄入会影响乳汁分泌的药物或食物，如抗甲状腺素、阿托品、山楂、炒麦芽等。

每次喂完奶都要拍嗝

坐着拍嗝

让宝宝坐在你的一侧大腿上，在腿上铺一条毛巾，以防宝宝吐奶把裤子弄脏。如图，一只手环抱宝宝，虎口置于宝宝腋下支撑住宝宝，让宝宝的身体微微向前倾。然后用另一只手轻轻地拍宝宝的背部。

抱着拍嗝

将宝宝竖抱，让其头靠在妈妈肩上，轻轻拍其背。拍嗝时，妈妈五指并拢靠紧，手心弯曲，这样拍的力量能引起振动又不会让宝宝感觉疼痛。

两种方法可以轮换着使用，看哪种比较适合你和宝宝。所有的动作都要轻柔，直到宝宝把嗝打出。

育儿专家提醒

浴后不宜马上哺乳

一般来说，特别是冬天，许多哺乳期的妈妈很喜欢洗完热水澡，暖融融地抱起宝宝给他喂奶。但专家认为，妈妈刚洗完热水澡后，并不太适合立即哺乳，因为热水洗浴，体热蒸腾，乳汁也为热气所侵，乳汁的质和量可能会有所变化。古代乳母应“定息良久”，然后再哺乳。

另外，婴儿洗澡之后也不宜马上喝奶。因为这种情况下，婴儿的气息产生变化，气息未定时就喂奶会使其脾胃受损。

所以，凡是洗浴之后，应当休息一段时间，等气息平定下来再喂奶。

感冒后的哺乳窍门

妈妈感冒了该如何给宝宝喂奶呢？其实，妈妈感冒了只需小心行事，只要未出现发热，喂奶仍可照常。如果感冒不伴有高烧，妈妈应多喝水，饮食以清淡易消化为主。最好有人帮助照看宝宝，使妈妈能有更多的时间休息、睡眠，以保证体力的恢复。

不出现高烧的妈妈可以哺乳

感冒是一种呼吸道传染病，是通过呼吸道喷出的飞沫传染的。因此，患了感冒的哺乳期女性给婴幼儿哺乳是不会通过乳汁将感冒病毒传染给婴幼儿的。此外，哺乳期女性在感染感冒病毒之后，在没出现症状以前，体内就会产生感冒病毒抗体。在其体内有了这种抗体之后，再给婴幼儿哺乳，可使抗体通过乳汁进入婴幼儿体内，从而能增强宝宝抵抗感冒的能力。因此，哺乳期女性在患了感冒后，只要不出现发热、寒战等症状，且体力情况允许的话，是可以给婴幼儿哺乳的。

哺乳有技巧，妈妈需注意

乳汁虽然不会传染感冒病毒，但患了感冒的妈妈在哺乳或换尿布时，由于要与宝宝近距离接触，很容易将感冒通过呼吸传染给宝宝。因此，患了感冒的妈妈在进行哺乳等需要与宝宝亲密接触的活动时，需要戴上双层口罩，并要勤洗手。

因为感冒病毒是通过飞沫传播，室内要勤通风。

妈妈高烧期间可暂停母乳喂养1～2天，停止喂养期间，应按时把乳汁吸出来，再由家里其他未患感冒的人用奶瓶或小勺喂养。

不伴有严重高烧的感冒是可以给宝宝哺乳的。妈妈感冒时母乳内会产生抗体，对于提高宝宝的免疫力也有一定的帮助。妈妈在哺乳时注意不要对着宝宝呼吸，最好戴口罩哺乳。

乳房肿胀巧喂奶

乳房肿胀，也叫涨奶，通常发生在产后 3 ~ 5 天，不少妈妈会感到乳房增大、变重、发热等。这是由于乳汁开始大量分泌，乳房充血和组织液增多所致。适量的乳房充盈是正常的，只要哺乳顺利，几天后，随着泌乳量调节至宝宝需要的水平，肿胀的感觉就会消失（切记，肿胀感觉消失并不意味着奶水不足）。

延伸阅读

澳洲婴儿喂养指南处理乳房肿胀的建议

1 要衔住胀奶时的乳晕对于小月龄的宝宝来说是个挑战。妈妈可以在哺乳前挤出足够的奶来缓解不适，这样乳房特别是乳晕周围会变得足够软，有利于宝宝含乳。

2 如果肿胀超过 2 天（尤其在哺乳早期），可以在每次哺乳后使用吸奶器排空双侧乳房，这会让宝宝在下次吃奶时含乳更容易。

3 刚出生的宝宝在 24 小时内需要进食 8 ~ 12 次（包括夜间）。如果妈妈没办法亲喂，那么需要尽量做到用和亲喂差不多的频率把乳汁完全排出。如果不将乳汁及时排出来，有可能造成肿胀疼痛，降低泌乳量，还可能发展成乳腺炎、乳房脓肿，影响日后的泌乳量。

右侧提供的建议是针对已经发生的持续肿胀，不适用于预防涨奶。当乳房肿胀缓解、硬块消失，则不要在宝宝不喝奶时主动排空。当因为一段时间没有喂奶（比如夜间宝宝睡整觉了）而感到涨奶，可以适当挤出一些乳汁以缓解不适，但不要过度挤奶。当你挤出的奶大于宝宝喝的奶量，可能会产更多的奶，涨奶就更容易发生了。

虽然乳房肿胀发生的可能性会随着哺乳时间的推移降低，但仍可能发生在哺乳期的任何时候。当肿胀发生时，这些建议仍然适用。

育儿专家提醒

乳腺炎期间怎么哺乳

如果出现了乳腺脓肿，要暂停喂奶；轻微乳腺炎症没有脓肿时，世界卫生组织则提倡哺乳（有助于淤积乳汁的排出，缓解乳房胀痛）。

适当按摩乳房也能帮助乳汁排出，具体做法是：单手托住乳房，用另一手的指腹从乳房周边开始向乳头方向轻轻按压，注意不要用力挤压或者旋转按压，以免伤到乳腺管。乳房疼痛较为剧烈时用冰块冷敷患处。如果哺乳过后乳汁仍有剩余，可用吸奶器帮助排出乳汁，同时要注意保持吸奶器的清洁，避免外源性感染。

新生儿的喂养：人工喂养

婴儿配方奶是无法纯母乳喂养时的无奈选择

由于婴儿患有某些代谢性疾病，乳母患有某些传染性或精神性疾病，乳汁分泌不足或无乳汁分泌等原因，不能用纯母乳喂养时，建议首选适合宝宝月龄的配方奶喂养，不宜直接用普通的液态奶、成人奶粉、蛋白粉、豆奶粉等喂养。

任何婴儿配方奶都不能与母乳相比拟，只能作为纯母乳喂养失败后无奈的选择，或者 6 月龄后对母乳的补充。6 月龄前放弃母乳喂养选择婴儿配方奶，对宝宝可能会产生不利影响。

混合喂养

混合喂养也叫部分人工喂养，适用于母乳不足情况下的婴儿喂养。方法有两种：补授法和代授法。

补授法

每次喂母乳后不足部分用配方奶补够，其好处是能保证宝宝每顿都可以吃到一定量的母乳，且对乳房进行充分的泌乳刺激。

代授法

用奶粉完全代替一次或几次母乳。

混合喂养要充分利用有限的母乳，尽量多喂母乳。如果妈妈认为母乳不足，就随意减少母乳喂养的次数，反而会使母乳越来越少。夜间妈妈比较累，尤其是后半夜，给宝宝冲奶粉会很麻烦，所以最好选择母乳喂养。而且，夜间妈妈休息，乳汁分泌量相对增多，宝宝的需要量相对减少，母乳可以满足宝宝的需要。但是，如果母乳量太少，宝宝吃不饱，这时最好以配方奶为主。

需要采取配方奶喂养的情况

以下情况很可能不适合母乳喂养或常规母乳喂养，需要采取配方奶喂养：

1. 婴儿 / 母亲患病。

2. 母亲因各种原因摄入不能喂奶的药物和化学物质。

3. 经专业人员指导和各种努力后，乳汁分泌仍不足。

育儿专家提醒

添加配方奶的依据

母乳是否充足一定要根据宝宝的体重增长情况分析。如果新生宝宝一周体重增长低于 150 克，有可能是母乳不足，可以尝试添加配方奶。添加配方奶推荐采用补授法，即每次吃奶时首先吃母乳，如吃空两侧乳房后宝宝还不满足，再添配方奶，加奶量根据宝宝需求量酌情添加。

按时喂养，防止喂养过度

人工喂养的宝宝要按时喂养，且要防止喂养过度，否则不利于宝宝的健康发育。对于健康的婴儿，只要宝宝进食量充足，配方奶是可以满足其所需的全部营养的。在新生儿消化功能正常的情况下，一天奶量达到 150 毫升 / 千克时可满足其生长需要。

一般宝宝每 3 小时进食一次，每次喂养量 60 ~ 70 毫升即可。每个宝宝胃口大小不同，吃的多少也不同，完全按照某个标准来喂养是不可取的。随着宝宝不断成长，食用配方奶的量也在不断变化，这就需要妈妈细心摸索。

科学冲调配方奶的方法

1 将烧开后冷却至 40℃左右的水倒入消过毒的奶瓶。

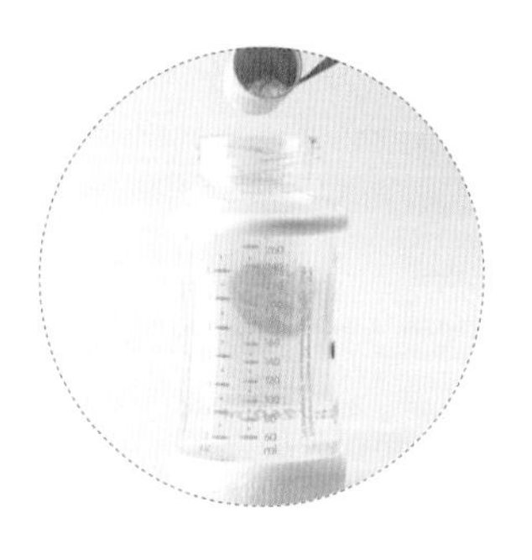

2 使用奶粉桶里专用的小勺，根据标示的奶粉量舀起适量的奶粉（注意奶粉是平勺而不是超过小勺或不足一勺）。

3 将奶粉放入奶瓶，双手轻轻转动奶瓶或在水平面轻晃奶瓶，使奶粉充分溶解。

4 将冲好的奶粉滴几滴在手腕内侧或手背，测试奶温温热即可。

新生儿日常照料

抚触，让宝宝沐浴母爱

亲子抚触，不仅能强健宝宝的身体，它还是一种“心灵体操”。如果说抚触是一道菜，它的原材料和烹饪手法没有固定的版本，但有一种作料却是这道菜中最有价值的，那就是——亲子交流。

亲子交流一：温柔亲切的话语

宝宝最喜欢抑扬顿挫的声音，一边有规律地抚触，一边像聊天一样征求宝宝的意见：“宝宝，是不是很舒服啊？”“宝宝真乖！我们再来做腿部运动好不好？”

亲子交流二：目光交流

给宝宝做抚触时，一定要正面注视宝宝，及时观察宝宝的表情变化，当宝宝表现烦躁时，应立刻停止抚触，把宝宝抱起来安抚。

亲子交流三：妈妈来唱歌

宝宝最爱听的就是妈妈的声音，抚触的同时，妈妈可以随着手部的节奏哼上一曲或欢快或舒缓的小调，宝宝则会因此感受到那份温馨和愉快。

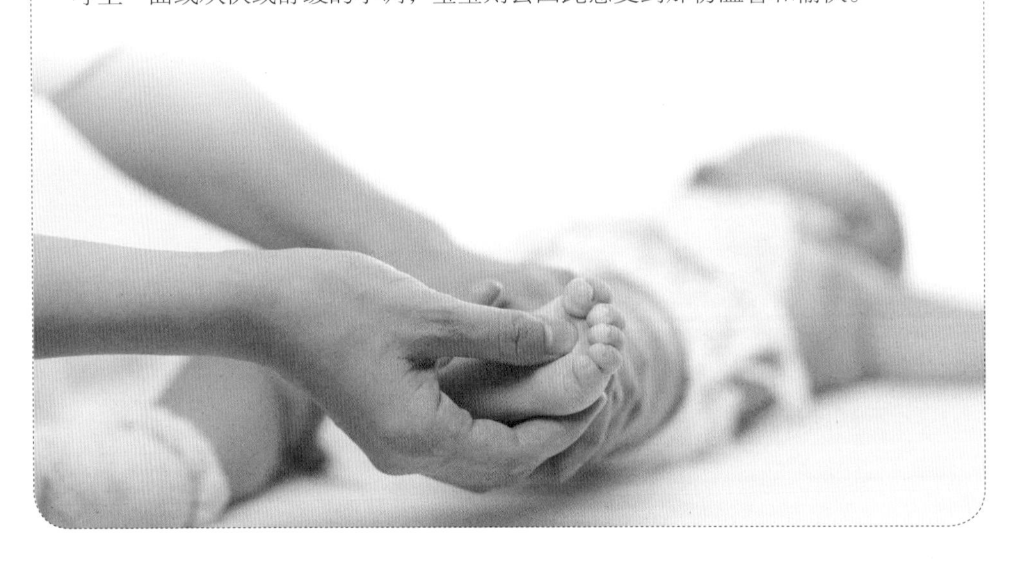

把宝宝抱得舒服很重要

宝宝喜欢被稳稳抱起，特别是被包在暖暖的包被里面，这样会给他一种安全感。如果移动宝宝，一定要尽量慢一些、轻一些。抱宝宝时还要面带微笑，对着他的脸和眼睛，用爱抚和安详的口吻跟他说话。只要掌握了以下技巧，就能很快学会怎样把宝宝抱得很舒服，这不仅对宝宝有好处，对父母也是必要的。

横抱

需要格外注意，宝宝在 4 周内还不能控制自己的头部，所以在抱起时，一定要注意扶住他的头颈部。

新生儿最好横着抱。将宝宝的脑袋放在你一只手的肘弯处，使宝宝的脑袋略高于身体其他部位。另一只手负责宝宝的脚和臀部，起辅助作用。

竖抱

一只手伸入宝宝的颈后，支撑起宝宝的脑袋。另一只手放在宝宝的背和臀部，撑起下半身，将宝宝竖着抱起来。抱宝宝时动作一定要轻柔、平稳。

当宝宝能自己控制头颈部动作时，就可以试着将他由横抱改为竖抱了。

放在背带里

将宝宝放在背带里也是可以的。只要支撑好宝宝的头颈，宝宝在背带里面会很舒适，不会滑向一侧。好的背带应该是柔软、呈袋状，适合放置宝宝弯曲的身体。

新生宝宝的皮肤护理

新生儿的皮肤与年长儿有着极大的区别。新生儿皮肤薄、娇嫩，当遇到轻微外力或摩擦时，很容易引起损伤和感染。新生儿抵抗力弱，一旦皮肤感染，极易扩散，从而引发严重的败血症等。因此，做好新生儿的皮肤护理是非常重要的。

出生 1 个月内的新生儿，其面部极其娇嫩，对其五官的护理动作要轻，护理用品要适合宝宝。

眼部护理

新生儿的眼睛十分脆弱。对眼部的护理，要使用纱布（棉签）、生理盐水或温水。把纱布（棉签）蘸湿，从眼内角向眼外角轻轻擦拭。如果新生儿的眼睛流泪，或有较多的黄色黏液使眼皮粘连，须请医生诊治。

鼻部护理

在正常情况下，新生儿鼻孔会进行自我清洁。如果空气很干燥，鼻孔里可能结有鼻屎，会造成宝宝不舒服。
这时，妈妈可以将一小块棉球蘸湿，轻轻放入鼻孔，把鼻屎取出。这应该在哺乳前进行。

耳部护理

新生儿的耳道很小，洗澡时若不慎进水，应用棉花棒轻轻拭干。将宝宝的头转向一侧，对耳廓进行清洁，清洁到耳孔为止，不宜深入，以免把耳垢推向深处而引起耳道堵塞。

口腔护理

由于口腔黏膜血管丰富柔嫩，容易损伤，所以不能随意擦洗，以免感染。

面部及颈部护理

新生儿的面颊用棉花蘸水清洗或用纱布清洁即可。要注意颈部皱褶和耳朵后面，这些部位容易忽视，常会有些小病变，要经常清洗并且擦干。

洗屁屁事虽小，男女宝宝差别大

女宝宝应这样清洗屁屁

1 用纸巾擦去粪便，然后用温水浸湿软布，擦洗小肚子，直至脐部。

2 用另一块干净软布擦洗大腿根部所有皮肤皱褶处，要注意顺序是由上向下、由内向外。

3 将宝宝双腿举起，清洗其外阴部。

4 用另一块干净软布清洁臀部，然后从大腿向里洗至肛门处。

5 用纸巾轻轻擦干尿布区，然后让宝宝光着屁股，使臀部曝露于空气中片刻。

男宝宝应这样清洗屁屁

1 男宝宝经常在你解开尿布的时候马上撒尿，故在解开尿布后应将尿布停留在阴茎处几秒钟，以免尿到你身上。

2 用纸巾擦去粪便，在他屁股下面垫好尿布。用温水弄湿棉花来擦洗，先擦肚子直至脐部。

3 用软布彻底清洁大腿根部及阴茎处的皮肤皱褶，由里往外顺着擦拭。清洁睾丸下面时，妈妈用手指轻轻将睾丸往上托起。

4 用软布清洁宝宝睾丸各处，包括阴茎下面，因为这些地方可能有尿渍或大便。

5 将宝宝双腿举起，清洁他的肛门及屁股，接着清洗大腿根内侧。

6 用纸巾擦干尿布区，让他光着屁股晾晾。

新生儿异常情况处理

扫一扫，听音频

病理性黄疸

当黄疸出现早（出生后 24 小时内就出现），程度较重（皮肤呈金黄色或暗褐色，巩膜呈金黄色或黄绿色，尿色深黄以致染黄尿布，眼泪也发黄），或者持续不退（足月儿黄疸超过半个月）或黄疸消退后又重新出现或加重时，应及时就医，以判断宝宝是否为病理性黄疸。

注意，只要黄疸开始逐渐出现变淡的倾向，宝宝吃奶、睡觉都正常，大便没有变白，也可以等一段时间。足月健康的新生儿，即使黄疸期延长，一般也都属于生理性黄疸的持续。

病理性黄疸的原因

母亲与宝宝血型不合导致的新生儿溶血症，婴儿出生时有皮下血肿，新生儿感染性疾病，新生儿肝炎、胆道闭锁等。黄疸过高，有可能对新生儿造成脑损伤，因此一定要及早就医，可根据医生建议采用光疗法等。

吐奶

多数宝宝在出生 2 周后，会经常吐奶。在宝宝刚吃完奶，或者刚被放到床上时，奶就会从宝宝嘴角溢出。吐完奶后，宝宝并没有任何异常或者痛苦的表情。这种吐奶是正常现象，也称“溢乳”。

宝宝吐奶的常见原因

婴儿的胃就像开口大、容量浅的水池容易溢水一样，一旦受到刺激，如哭闹、咳嗽等外力导致腹压增高，就容易把胃内容物挤压出来。所以，大部分婴儿的吐奶都是因为“胃浅”导致的。

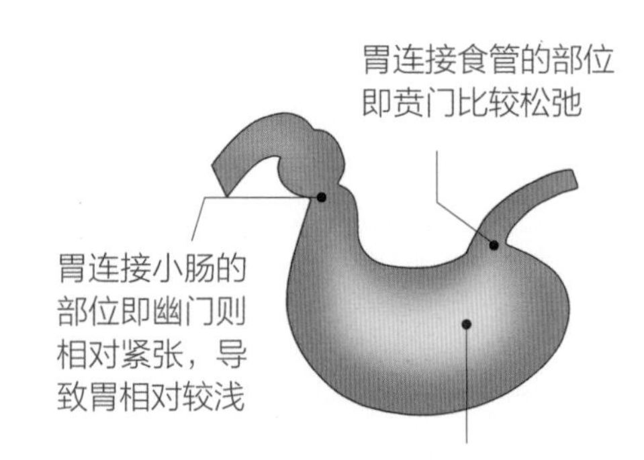

吐奶的处理

宝宝吃完奶后，让其趴在妈妈肩头，轻轻用手拍打宝宝的后背，直到宝宝打嗝为止。这样可以帮助宝宝排出胃内的气体，减轻吐奶。

喂奶速度不宜过快

妈妈喂奶时应适当控制喂奶的速度，给宝宝一定的间歇期，可以让宝宝休息一会儿再接着吃，这样可以避免吐奶。

育儿专家提醒

乳汁流速的控制方法

四指托住乳房，拇指置于乳头上方的乳晕处，减慢乳汁的流出。如乳汁多、压力大，则需用手指在乳晕处加压，以控制流速。

尿布疹

尿布疹又叫尿布皮炎，俗称“红屁股”，是3个月以内婴儿很常见的皮肤病。

为了预防此病，每次给宝宝换尿布或纸尿裤前，妈妈一定要用肥皂洗净双手。换上新的尿布或纸尿裤前，要把宝宝的小屁股擦干净，并用温水擦拭一遍，或者用婴儿湿巾代替，最好能等小屁股自然风干后再包上尿布或纸尿裤。

一般来说，新生儿的膀胱还没发育完全，一天尿便次数多，所以更换尿布或纸尿裤次数也会多些。每半小时更换一次也是正常的，之后随着宝宝慢慢长大，更换的次数可逐步减少。让小屁股保持皮肤干爽、清洁能避免出现尿布疹。

脐炎

新生儿发生脐炎时，护理上要注意：

1 当宝宝脐部略有红肿（属于轻度发炎），或有少量黏液渗出时，可用消毒棉签擦净渗出物，然后用3%的过氧化氢清洗，再用75%的酒精棉球湿敷脐部，每天2次。

2 如果室内温度较高，且阳光可照到室内，可将宝宝的脐部曝露在日光下晾晒，每日1次，每次10分钟。

3 局部用灯光照射10分钟（要注意防止烫伤），有利于脐部的愈合。

4 有脓性分泌物并带有臭味，应遵医嘱服用药物。

斜颈

对于新生儿来说，斜颈是个非常常见的现象。导致斜颈的原因有多种，如先天性、外伤性等原因，使宝宝的颈部发育异常，头部歪向病侧，下巴斜向健侧，时间长了，病侧的面部肌肉发育受到影响，就会出现一侧脸大一侧脸小。

医生通过简单的查体就能确定宝宝是否有斜颈。如果宝宝颈部较短的一侧没有摸到形似橄榄的小包块，只要纠正宝宝的睡眠姿势，尽可能保持宝宝头部处于中位就可以了。如果宝宝颈部出现小包块，就要在医生的指导下，在家给宝宝进行颈部按摩和伸张练习。

如果宝宝出生2～3个月后，颈部肌肉张力和长度仍然不一致，那么就要用物理疗法辅助治疗。如果斜颈情况较严重，还需通过手术等矫治。

头形不正

要想使宝宝头部左右对称，应经常观察宝宝头部和睡姿。但不要过于纠结宝宝的头形，即使宝宝头形有些偏斜，长大之后也会变得不明显。宝宝的头部不偏，却只朝向一个方向，这种时候就应该考虑斜颈了。

2～3个月

2～3个月宝宝的生长特点

项目＼性别	2个月宝宝的情况		3个月宝宝的情况	
	男宝宝	女宝宝	男宝宝	女宝宝
体重适宜范围（千克）	5.0～6.4	4.6～5.9	5.9～7.5	5.4～6.9
身长适宜范围（厘米）	56.5～61.0	55.3～59.6	59.7～64.3	58.4～62.8

2个月宝宝　能微笑，有面部表情；眼随物转动

3个月宝宝　头可随看到的物品或听到的声音转动180度；注意自己的手

2～3个月 焦虑关键词：该不该用安抚奶嘴

“哄娃神器，宝宝大哭，一塞秒停”

宝宝2个月起开始吸吮右大拇指了，有时又好哭。有人建议让他吸吮安抚奶嘴。可是又担心长期吸吮安抚奶嘴会影响宝宝牙齿的发育。安抚奶嘴到底好不好？网络上评价不一，到底该相信谁呢？

解决焦虑：6月内可以用，6月后温和戒掉

宝宝特别是6个月内的小婴儿，需要安抚奶嘴的帮助。安抚奶嘴可以满足宝宝的吸吮要求，锻炼吸吮能力，但会增加患中耳炎的概率。如果轻拍背部、安抚拥抱等还不足以使宝宝平静，他就会开始吸吮手指，这时可以考虑给宝宝使用安抚奶嘴。因为吸吮手指和吸吮安抚奶嘴相比，吸吮手指对牙齿的影响更为严重。宝宝6个月以后，不要像以前那样频繁地使用安抚奶嘴，每天控制使用时间，直至完全戒掉。

快速生长期，营养要跟上

母乳继续按需哺乳

母乳喂养最重要的原则就是按需哺乳。所谓“按需哺乳”，就是宝宝什么时候饿了，就什么时候给宝宝哺乳。按需哺乳不仅适用于新生儿，也适用于整个婴儿期喂养。及时、恰当地满足婴儿的需要是培养其心理健康的必要条件，也能建立母子之间良好的依恋与信任，为今后对宝宝的教育打下坚实的基础。

一般来说，无论妈妈乳房大小，都能产生足够的乳汁满足自己宝宝的需求。因此，每对母子之间的喂奶频率和习惯都是不同的。

按需，绝对不是比照别人的频率和习惯，也不能听别人说宝宝多久吃一次奶、每次吃多少分钟，或参考一些书本上平均时间来喂养自己的宝宝。每个宝宝胃口大小不同，只要宝宝体重稳定增长，就是吃到了足够的母乳。因此，妈妈一定要观察自己的宝宝，真正了解宝宝的需要，根据宝宝情况来哺乳。

如何防止混合喂养儿的产生

宝宝的吸吮能力增强，吸吮速度加快，吸吮一次所吸入的乳量也增加了，相应吃奶的时间缩短了，但妈妈不能就此判断奶少了，不够吃了。

如果妈妈因此而给宝宝添加配方奶，橡皮奶嘴孔大、吸吮省力，奶粉比母乳甜，结果宝宝可能会喜欢上奶粉，而不再喜欢母乳了。母乳越刺激奶量就越多，如果每次都有吸不净的奶，就会使乳汁的分泌量逐渐减少，最终造成母乳不足，人为造成混合喂养。

分清宝宝是想玩耍还是想吃奶

这个月的宝宝醒来的时间更长了，想要人陪着玩，如果妈妈不懂得宝宝的意愿，有的宝宝就会哭。所以当宝宝哭闹的时候，妈妈不要简单认为宝宝饿了，给宝宝喂奶，或者担心自己的奶量不足而随意添加配方奶。

人工喂养的宝宝要增加奶量

此时宝宝的胃口较好，喂奶量从以前的每次 120 毫升左右可以增加到 150 毫升以上。每天吃 5 次的宝宝每次可以喂 170 ~ 180 毫升，每天吃 6 次的宝宝每次喂 150 ~ 160 毫升。当然，具体喂奶量还要根据宝宝的食量而定。

补充有助视力发育的营养素

权威解读 《中国居民膳食指南》关于怎么补维生素 A

1 ~ 6 个月每日补充维生素 A 的量：300 ~ 350 微克

维生素 A 是保护宝宝视力的关键营养素，在色彩识别和夜间视力方面的作用尤为突出。1 ~ 6 个月是宝宝视力发育的关键期，宝宝眼睛经历了从视觉模糊、黑白、彩色、清晰度缓慢发展等过程，需补充有助视力发育的多种营养素。

宝宝补充维生素 A 的方法

纯母乳喂养： 营养好的母亲母乳中富含维生素 A，是宝宝维生素 A 的最佳来源。

配方奶喂养： 强化了维生素 AD 的配方奶。

辅食喂养： 摄入菠菜、胡萝卜、南瓜、木瓜、红薯、玉米、动物肝脏、鱼油等。

中国婴幼儿为什么应维生素 AD 同补

首先，维生素 A、维生素 D 都属于脂溶性维生素，且性质都不稳定，易氧化失效。其次，维生素 A 缺乏问题在我国很普遍，而在欧美发达国家则不缺乏。权威调查结果显示：我国整体 0 ~ 6 岁儿童维生素 A 缺乏率为 11.7%，亚临床缺乏率为 39.2%。所以，中华医学会《儿童微量营养素缺乏防治建议》和《维生素 D 缺乏性佝偻病的防治建议》中建议，0 ~ 3 岁的婴幼儿需要每日常规补充预防剂量的维生素 AD。

视力发育营养素	
DHA	DHA 占视网膜磷脂总量的 50%。婴儿自身不能合成 DHA，主要通过母乳或配方奶来摄取 DHA
维生素 A	维生素 A 是合成视紫质的重要原料，而视紫质是一种感光物质，存在于视网膜中。宝宝日常辅食中就可以补充维生素 A
牛磺酸	能促进视网膜的发育。富含牛磺酸的食物有扇贝、淡菜、鱿鱼、鸡肉、猪瘦肉、牛肉等
抗氧化营养素	眼睛如果对光敏感则易产生氧化问题，这时可适时补充一些抗氧化剂，如维生素 C、维生素 E 及叶黄素等。猕猴桃、草莓、蓝莓、苹果、菠菜、甘蓝、玉米等富含抗氧化物质

哺乳妈妈催乳食谱推荐

海鲜炖豆腐 催乳通乳

材料 鲜虾仁100克，净鱼肉50克，嫩豆腐200克，青菜心100克。

调料 盐、葱末、姜末各适量。

做法

1. 将虾仁洗净；青菜心洗净，切段；嫩豆腐洗净，切小块；鱼肉洗净，切片。
2. 锅置火上，放入油烧热，下葱末、姜末爆锅，再下入青菜心稍炒，放入虾仁、鱼肉片、豆腐块稍炖一会儿，加入盐调味即可。

丝瓜鲢鱼汤 活血、通乳

材料 丝瓜50克，鲜鲢鱼500克。

调料 酱油、盐各适量。

做法

1. 丝瓜去皮，洗净，切块；鲜鲢鱼处理干净，切上花刀。
2. 锅置火上，倒入油烧热，放入鲜鲢鱼煎至半熟，倒入适量清水，放入丝瓜块，大火煮开，放入少许酱油、盐调味即可。

功效 鲢鱼温补脾胃，通乳下奶；丝瓜通经络，下乳汁。丝瓜鲢鱼汤可辅治产后乳汁不足。

山药木耳炒莴笋 促进乳汁分泌

材料 莴笋300克，山药、水发木耳各50克。

调料 醋、白糖、盐、葱丝各少许。

做法

1. 莴笋去叶、去皮，切片；水发木耳洗净，撕小朵；山药去皮，洗净，切片。
2. 山药片和木耳分别焯烫，捞出。
3. 锅内倒油烧热，爆香葱丝。
4. 倒入莴笋片、木耳、山药片炒熟，放盐、白糖、醋调味即可。

功效 中医认为，莴笋具有通经脉、开胸隔、通乳汁之功；木耳、山药健脾养胃，滋养气血。这道菜滋养气血，有促进乳汁分泌的作用。

宝宝日常照料及能力训练

睡姿——侧着睡还是仰着睡

宝宝睡得好不好、香不香，是妈妈关心的问题。可许多妈妈却忽视了宝宝的睡姿。

侧睡利于肌肉放松，对宝宝各重要器官也无过分压迫。有呼吸道问题或扁桃体发炎的宝宝，侧睡有助于排痰。右侧卧可以避免心脏受压，也可以预防溢奶。但长时间侧卧，会使宝宝的耳部轮廓经常受压，可能导致变形。

仰睡有助于宝宝全身肌肉放松，对脏腑器官最不易造成压迫，四肢也能够自由活动，宝宝应以仰睡为主。但经常仰睡可能使宝宝的后脑勺扁平，所以也要多种睡姿交替进行（调整宝宝头形的黄金时期是在宝宝出生后的 2 个月内，最迟不能超过 3 个月）。

另外，宝宝感冒鼻塞时暂时不要仰睡，以免影响呼吸。喂奶后，不要马上让宝宝(尤其新生儿)平躺睡觉，可先右侧睡，半小时后再改为仰睡。枕头（一般宝宝 3 个月左右开始使用枕头）建议使用中间下陷的“仰睡枕”，可以支撑宝宝尚未发育完全的颈部。

天气转凉，给宝宝穿多少正好

有个最基本的添减衣服的原则，就是看月龄和体重。

一般而言，3 个月之前的宝宝穿衣比大人多一件，3 个月后的宝宝穿衣比大人少一件。这是根据月龄划分，但同时需要参考体重，有的宝宝体重偏低，身体上没有太多脂肪来保暖，这时就需要父母摸宝宝颈后判断冷暖，来灵活调整。

在寒冷的冬天，帽子一定不能少。因为人体大部分的热量都是通过头部散发的，宝宝体温调节能力差，更需要头部的保暖。

宝宝新陈代谢旺盛，很容易出汗，因此，宝宝贴身的衣服应该选择全棉的布料，这样在宝宝出汗时能够起到吸汗的作用。

注：虽然说是以大人为参考，但有的大人自己本身就很怕冷，这时就要适当调整，灵活处理。

为宝宝定期称体重

现在是宝宝生长发育最快的时期。一旦护理不好或喂养不当，很容易导致生长迟缓。生长迟缓最早的表现就是体重增加速度减慢，甚至不增或下降。因此，体重是衡量宝宝近期营养状况灵敏的指标。最好每月称 1 次体重，若连续 3 次发现宝宝体重减加速度减慢或不增加，则应及时就医。

能力训练重点

- **大运动能力：**俯卧抬头、转头练习、伸伸腿。
- **精细运动：**抓抓小棒棒。
- **认知能力：**感知发声玩具。
- **语言能力：**多和宝宝说说话，唱段童谣给宝宝听。

如何训练宝宝俯卧抬头

2 ～ 3 个月的宝宝，父母可以帮助他做俯卧抬头训练。

俯卧抬头训练对宝宝的益处

能锻炼颈部、胸背部的肌肉；
可以增大肺活量；
有效地预防呼吸道疾病；
扩大宝宝的视野范围，从不同角度观察新的事物，有利于智力发育。

2 个月宝宝俯卧时能抬头；
3 个月时抬头较稳。

俯卧抬头训练及方法

准备工作

让宝宝俯卧在稍有硬度的床上，防止物品堵住鼻子，影响呼吸，再帮助宝宝将两手臂朝前放，不要压在身下。

训练成果

不断训练后，宝宝抬头的动作会从最初抬起头与床面成 45 度开始到 3 个月时能稳定地抬起 90 度。这个过程中，宝宝的运动发育是连续性的，颈部肌肉和双臂的力量都在增强，最后，宝宝可以实现高抬头。

训练时间安排

刚开始训练时，只练 10 ~ 30 秒钟，逐渐延长时间（根据宝宝情绪控制在 3 ~ 10 分钟）。不要让宝宝感到疲劳，每天 2 ~ 3 次即可。

训练注意事项

俯卧抬头训练要在宝宝空腹时(即喂奶前 1 小时)进行。

训练的床面要平坦、舒适且有一定的硬度。

帮宝宝发现自己的小手

2 ~ 3 个月时，宝宝原本紧握的拳头就能慢慢张开，从而“发现”自己的小手，于是就开始尝试用这双神奇的小手进行各种主动的探索活动。父母每天可以花点时间做做下面的活动，帮宝宝“发现”自己的小手。

1. 可以把一只带黑白条纹的袜子套在宝宝手上，抓着他的手臂使手在他眼前晃动，并反复对宝宝说“手”。
2. 用不同质地的物品轻逗宝宝的手掌和指尖，或者抚触他的手，对手掌、手背及每根手指进行按摩，尤其是指尖，帮助宝宝发展小手的触觉。
3. 往宝宝的手掌里放东西时，要顺着他的掌纹横着放，而不是竖着放，有意识地让他的指尖触碰到物体。
4. 让宝宝触摸各种质地、温度、材料的玩具或物品，比如温水、软海绵条、绒毛动物、橡皮娃娃、洗干净的芹菜根等，让宝宝多多尝试。

2 ~ 3 个月宝宝异常情况处理

攒肚

遇到宝宝三四天不大便，有妈妈说是“攒肚”，不要紧；有妈妈说是便秘，应就医。那么攒肚和便秘到底该如何区分呢？

判断要点	攒肚	便秘
大便性状	大便的次数减少，但大便的性状仍然是稀糊状，且排便不费劲	大便比较干硬，排便时较费劲，有时能把脸憋红
精神状态	精神状态、食量、睡眠等一切正常	可能出现睡眠不安稳，大便时容易哭闹、表现出烦躁不安等不良情绪
发生时间	多发生在 2 ~ 6 个月宝宝身上	任何阶段都可能发生

攒肚，是随着宝宝消化能力逐渐提高，肠胃能充分地进行消化、吸收，导致每天产生的食物残渣减少，不足以刺激直肠形成排便，使宝宝三四天甚至更长时间不排便的现象，常见于 2~6 个月的宝宝，一般无须治疗。

斜视

斜视的宝宝双眼视线不能同时落在同一个物体上。宝宝过了 3 个月才能把视力集中在某一点，所以妈妈在这个月才会发现宝宝是否有斜视症状。

斜视有真性斜视和假性斜视之分。正常的宝宝有时在瞌睡的时候也会出现斜视，4 ~ 6 个月时会消失。4 个月之后的宝宝如果经常出现斜视，应该去医院检查。

腹股沟疝

腹股沟疝一般见于男宝宝。男宝宝的睾丸开始在腹腔，在临出生时降入阴囊。睾丸经过的从腹部到阴囊的通道一般在出生后会闭合，但也有男宝宝闭合不好，这部分男宝宝在 2 ~ 3 个月时，由于剧烈哭闹等原因使腹腔压力增高，腹腔内的肠管就会顺着没有闭合好的通道穿过腹股沟降入阴囊中，形成腹股沟疝。

腹股沟疝的危险在于可能导致嵌顿，即肠管在通道中拧搅在一起。嵌顿性腹股沟疝出现时，肠腔会梗阻，宝宝会疼得大哭。值得一提的是，有腹股沟疝病史的宝宝突然大哭，妈妈要考虑宝宝腹股沟疝嵌顿的可能性。如果这种大哭的情况持续 3 小时以上，且伴有呕吐，一定要看医生。

4～5个月

4～5个月宝宝的生长特点

项目＼性别	4个月宝宝的情况		5个月宝宝的情况	
	男宝宝	女宝宝	男宝宝	女宝宝
体重适宜范围（千克）	6.6～8.3	6.1～7.7	7.1～9.0	6.5～8.2
身长适宜范围（厘米）	62.3～66.9	61.0～65.4	64.4～69.1	62.9～67.4

4个月宝宝 会抓面前的物体，自己玩弄手；见到食物表示喜悦；较有意识地哭和笑

5个月宝宝 伸手取物；能辨别人声；望镜中人笑

4～5个月 焦虑关键词：隔代养育

“虽劳苦但功不一定高”

由于工作紧张，产假时间又有限，宝宝3个月后就由公公婆婆带，每每看见婆婆对宝宝的照顾和疼爱都非常感激。然而，妈妈发现宝宝身上存在不少毛病和遗憾事，十分苦恼。

解决焦虑：平心静气沟通，全家打“组合拳”

隔代抚养的难题主要表现在育儿观念的不同，导致在照顾宝宝吃喝拉撒上的一些分歧。有些事情父母要多聆听老人为什么要这样做，有何优劣，从源头抓起。多渠道、多方式沟通，避免产生正面冲突。注意在养育宝宝过程中，祖辈应该是配角，祖辈教育不能代替亲子教育。作为父母，应承担起养育宝宝的主要责任。宝宝对父母的依恋感和安全感，是谁也无法取代的。

宝宝知道饥饱了，喂养有讲究

母乳喂养的间隔可适当延长

由于宝宝胃容量增加，每次喂奶的量增多，喂奶的间隔时间相对延长，由原来的 2 ~ 3 小时延长到此时的 3.5 ~ 4 小时。哺乳的次数为每天 4 ~ 5 次，哺乳量以每次 150 ~ 170 毫升为宜。

夜间喂奶的次数减少

每天哺乳的量逐渐增加，哺乳时间也逐渐有了一定的规律。虽然不能中断晚间的哺乳，但可以慢慢减少哺乳的次数。在宝宝临睡前充分喂饱后，通常晚间哺乳的间隔会延长至 5 ~ 6 小时，从而宝宝睡得更好，有利于生长发育，而且也能让妈妈有充足的时间休息。这个时期，宝宝 5 ~ 6 个小时不吃奶没问题，因此不用担心宝宝会饿着。

人工喂养，每天奶量不超过 1000 毫升

人工喂养的宝宝，此时奶量变化不会很大，只要宝宝正常生长，奶量就是他的需要量。如果宝宝拒绝喝配方奶，妈妈千万不要强喂，更不要趁宝宝睡得迷迷糊糊的时候喂奶，这样会延长厌奶期。一般来说，每天的奶量不宜超过 1000 毫升，以避免肥胖。当然，有的宝宝天生食量大，所以还要具体问题具体分析。如果 2 周体重增加达 400 克以上，要加以注意。

成功追奶，应对乳汁减少

很多妈妈发现原本丰富的奶水逐渐减少了，宝宝不够吃，长得也慢了，那么该怎么办呢？

按摩乳房

将双手手掌分别放在乳房上下方，来回按摩 10 ~ 20 次。

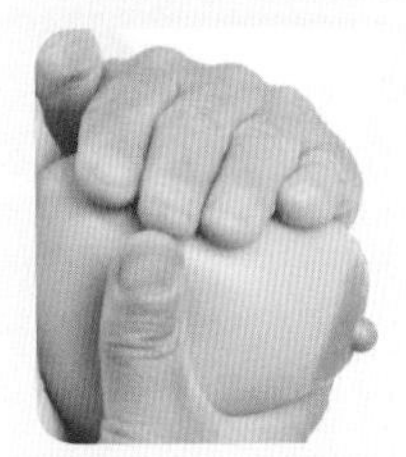

梳乳房

一只手托住乳房，另一只手拇指朝下，其他四指用指腹在乳房上从远处向乳晕、乳头方向轻轻梳乳房 5 分钟。

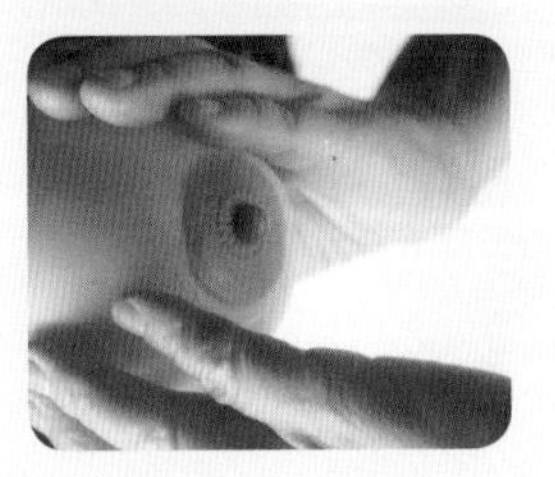

手挤乳房

按摩乳房外围，双手围住乳房，大拇指朝上，其他四指朝下，然后轻轻挤压乳根，一压一放，来回重复 10 ~ 20 次。

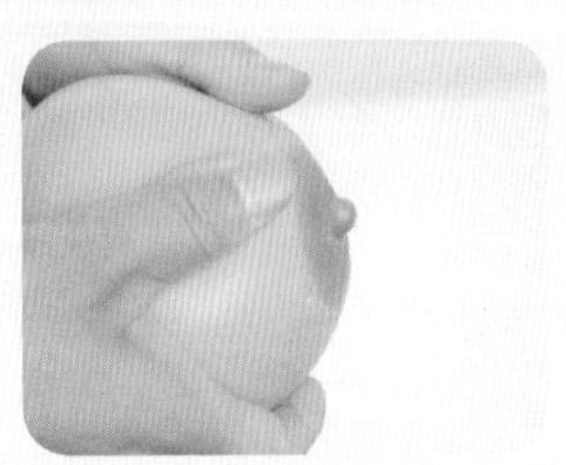

职场妈妈如何将母乳喂养进行到底

办公室挤奶要点

1. 挤奶前务必将手洗干净。挤奶时，可以用奶瓶或消过毒的杯子来收集乳汁，再将乳汁分别装在储奶瓶或储奶袋中，放凉后冷藏或冷冻。也可直接挤在储奶瓶中。

2. 工作场所如果没有冰箱，可用保温瓶或保温箱，也可用专门的背奶包储存。如果使用保温瓶，可预先在瓶内装冰块，让瓶子冷却后再将冰块倒出，装进收集好的乳汁。如果使用保温箱，则可在箱底装些冰块，再将装好母乳的容器放进保温箱冷藏。

3. 最好按照每次给宝宝喂奶的量，将母乳分成若干小份来存放，每一小份贴上标签并记录日期和奶量，这样能方便家人或保姆给宝宝合理喂食，还不会造成浪费。

育儿专家提醒

处理好工作和哺乳的关系

许多妈妈因为上班不能定时给宝宝喂奶，如果乳房充盈时任其胀回，很快乳汁量就下降了。因此，职场妈妈要准备好吸奶器和储奶袋，上班期间根据宝宝喂养的频率，用吸奶器将乳汁吸出，放在储奶袋内，存入冰箱给宝宝食用。每天宝宝吸乳和用吸奶器吸乳次数不低于 6 次，同时要保证心情愉悦、睡眠充足。

挤出来的奶如何保存

场所和温度	能保存的时间
冷藏，储存于 < 25℃的室温	4 小时
冷藏，储存于 4℃左右的冰箱内	48 小时
冷藏，储存于 4℃左右的冰箱内（经常开关冰箱门）	24 小时
冷冻，温度保持在 -18 ~ -15℃	3 个月
低温冷冻（-20℃）	6 个月

冷冻奶的解冻、加热

使用冷冻母乳喂养宝宝前，先将奶放入冷藏室内解冻，再用温水（45 ~ 60℃）温热。温热后，打开储奶袋的密封口，倒入奶瓶给宝宝吃。绝对不能使用微波炉加热，也不能放在炉子上直接加热。此外，冷冻母乳不能反复解冻、复冻。

哺乳妈妈追奶食谱推荐

鲫鱼冬瓜汤 下乳汁、嫩肌肤

材料 鲫鱼1条，冬瓜300克。

调料 盐、胡椒粉各3克，葱段、姜片、清汤、料酒各适量，香菜末少许。

做法

1. 将鲫鱼刮鳞、除鳃、去内脏，洗净沥干，放入热油锅煎至两面金黄，出锅；冬瓜洗净，去皮及瓤，切片。
2. 锅内留底油烧至六成热，放姜片、葱段煸香，放入鲫鱼、料酒，倒入适量清汤大火烧开，开锅后改小火焖煮至汤色乳白，加冬瓜片煮熟，加盐、胡椒粉，撒香菜末即可。

丝瓜炖排骨 催乳通乳

材料 猪排骨500克，丝瓜200克，枸杞子10克。

调料 姜片、葱段各5克，盐3克。

做法

1. 排骨切段，洗净，入沸水锅中略焯，捞出沥干；丝瓜洗净，去皮，切菱形块。
2. 将排骨放锅中，加清水大火煮沸，加葱段、姜片，转小火煮1小时，再放丝瓜块、枸杞子炖熟，放盐调味，搅匀即可。

明虾炖豆腐 通乳、养血固精

材料 虾100克，豆腐200克。

调料 盐3克，葱花、姜片各5克。

做法

1. 将虾线挑出，去掉虾须，洗净备用；豆腐洗净，切小块。
2. 锅中放适量清水，置火上烧沸，放入虾、豆腐块烫一下，盛出备用。
3. 锅置火上，放入虾、豆腐块和姜片，煮沸后撇去浮沫，转小火炖至虾肉熟透，拣去姜片，放入盐调味，撒上葱花即可。

宝宝日常照料及能力训练

护好宝宝萌出的第一颗牙

乳牙萌出基本上是按一定顺序进行的，一般是下颌先于上颌，由前至后的顺序。最先萌出的常常是下面中间的门牙，然后是上面中间的门牙，以后挨着中间的门牙左右长牙。

婴儿在 4 个多月后，开始流口水，第一颗牙就在这个时候冒出来，位置一般在下牙床中间。宝宝开始出牙，需注意以下 2 个问题：

育儿专家提醒

为宝宝刷牙

每个宝宝出牙时间有差异，有的 4 个多月就萌出，有的 8 个月才长牙。当宝宝出牙后，妈妈应该用婴儿牙刷加水或无氟牙膏给宝宝刷牙。

流口水

父母要及时为其擦干口水，避免损伤局部皮肤。宝宝的上衣、枕头、被褥等容易被口水沾湿，要勤洗勤晒，以免滋生细菌。

牙龈肿痛

牙齿萌出时，牙龈边缘会有一圈红红的发炎现象，让宝宝感到疼痛，甚至烦躁哭闹。此时，可以用纱布蘸冰水擦拭肿胀的牙床，同时达到按摩和冰敷肿胀牙床的双重功效。

清理宝宝耳垢有妙招

正常情况下，耳垢可借咀嚼、吸吮、张口等下颌运动以薄片形式自行排出，不用特意给宝宝掏耳朵。只有逐渐凝聚成团，阻塞了外耳道，才需要清理。用柔软的棉签轻轻擦拭宝宝的外耳道，把耳垢擦出来即可，切忌用掏耳勺、发卡等伸进宝宝的耳朵里掏。如果宝宝耳朵发炎，耳垢会过度分泌，这时要及时到医院就诊。

寒冬，不当“宅宝宝”

在天冷的日子里，很多爸妈选择“足不出户”，但有意识地让宝宝置身于一定的冷空气中（冷空气浴），对宝宝生长发育有好处。

冷空气浴益处多

1. 加强体温中枢的调节活动，使皮肤血管收缩，提高宝宝肌肉的兴奋性与收缩能力。

2. 经外界冷空气刺激，宝宝内脏温度相应升高，血液循环增加，能有效改善各脏器的功能。

3. 提高宝宝对温度变化的适应能力。

4. 能使宝宝的呼吸变得慢而深，增强呼吸功能，减少呼吸道疾病。

5. 空气中负离子可对大脑产生良好的刺激，使宝宝精神活泼，从而改善食欲和睡眠状况。

正确掌握冷空气浴程序

冷空气浴要循序渐进地进行，严格掌握好时间、地点、温度和宝宝的承受状况（若宝宝身体不适、精神不佳时不要进行）。

一般冷空气浴先从室内开始，开窗开门降温，在宝宝适应了室内低温后，便可到户外进行，但户外温度要恰当掌握。如果室外气温过低或寒风凛冽，则不宜进行冷空气浴。

适合 4 ~ 5 个月宝宝的玩具

4 个月以后，宝宝能够用手抓住东西，而且经常会拿起玩具放进嘴里，因此必须选择干净、安全的玩具给宝宝玩，而且是宝宝不能轻易吞进嘴里的大一些的玩具。

应给宝宝选择用牙齿咬不坏的玩具，如聚乙烯做的装有红色或黄色珠子的圆环或三角环。这种玩具一摇会发出声响，会吸引宝宝的注意力。

多音哗啷棒也是此阶段宝宝常玩的玩具，但宝宝玩时容易碰伤脸。一般是妈妈拿在手里晃出响声以哄逗啼哭的宝宝。当宝宝脖子上有硬疙瘩出现斜颈时，用多音哗啷棒可以引导宝宝把脸转向扭转困难的一侧，有助于斜颈的矫治。

能力训练重点

- **大运动能力：** 翻身，扶着髋部能坐（4 个月），扶腋下能站得直（5 个月）。
- **精细运动：** 抓小物品。
- **认知能力：** 用手摆弄玩具；带宝宝多摸摸各种东西。
- **语言能力：** 多叫宝宝的名字；“啊、咦、吧、吗”类似这样的音节对他具有特别的吸引力；在宝宝休息玩耍时，多给他听一些轻松的音乐和歌曲。

对宝宝说说话，让他模仿你

4 个月的宝宝，在语言、动作等各方面的能力都得到了迅速发展，特别是当爸爸妈妈和宝宝进行亲子交流时，宝宝的反应越来越明显。此时若增加和宝宝接触交流的机会，宝宝便可在模仿中得到更多的学习和锻炼。

表情模仿

宝宝最喜欢一动不动地盯着大人，他们这是在研究爸爸妈妈的表情变化，譬如大笑、皱眉、惊讶，这些都可以从爸爸妈妈的脸上发现，并慢慢加以运用。当宝宝模仿大人的表情时，父母最好也能反过来再去模仿宝宝的样子，因为这样的交流会让亲子关系更加紧密。

动作模仿

宝宝善于观察，他会捕捉到父母经常做的动作，比如给宝宝喂奶的时候对他微笑，或张大嘴巴打招呼，宝宝会将这些动作印入脑海，并用同样的动作反馈给你。

练习抓小物品

抱宝宝坐于桌前，在桌子上放一个比较小的物品（如小块积木），鼓励、逗引宝宝伸手去拿，如果宝宝不能拿起来而失去兴趣，可以将小物品放到宝宝手里，让他玩一会儿，然后放回原处，示范宝宝用手掌或手指去抓小物品。经过一段时间的训练，宝宝就可以自己将物品把弄到手里。

4 ~ 5 个月宝宝异常情况处理

肠套叠

肠套叠是指一段肠管套入与其相连的肠腔中。最常见的是回肠（小肠的末端）套入到与之相连的结肠（大肠的首段）中。

这种病任何季节都可能发生。一般发生在 4 个月以后的婴儿中，1 岁后发病概率大大减少，但对其他月龄的宝宝来讲也并不排除发病的可能性。

肠套叠发病早期的症状

阵发性腹痛，发作不久便发生呕吐，开始吐乳汁、乳块和食物残渣，后可吐黄绿色胆汁；约 85% 的宝宝在发病后 6 ～ 12 小时排出果酱样、黏液样的血便；腹部摸到腊肠样肿块。

肠套叠特有的发病方式

一直很健康的宝宝突然开始大声哭闹，看起来肚子痛得厉害（双腿向腹部屈曲），3 ～ 4 分钟后安静下来，过一会儿又开始哭闹。肠套叠往往以这种特有的方式发病。

如果宝宝开始出现这种症状，妈妈应高度怀疑是肠套叠，尽早就医，宝宝甚至不需要手术就能痊愈。

眼睛异常

宝宝原来不太明显的斜视，到了 4 ～ 5 个月后会越来越明显。

夏天得了传染性脓痂疹以后，头部和脸上会长出大大小小的疙瘩，眼眶边有时也会出现凸起（麦粒肿和霰粒肿）。传染性脓痂疹治愈以后，凸起也会随之消失。

宝宝的眼睛如果总是泪汪汪的，应考虑倒睫的可能性。如果早晨醒来时眼睑上沾有眼屎，睁不开眼睛，可能得了流行性角膜结膜炎，必须去医院眼科就诊。

不过，多数宝宝即使受感染也不很重，三四天就可自然痊愈。如果宝宝眼睛不红，又不出眼屎，就没有必要到医院治疗，应尽量减少院内感染的机会。

6～7个月

6～7个月宝宝的生长特点

项目 \ 性别	6个月宝宝的情况	
	男宝宝	女宝宝
体重适宜范围（千克）	7.5~9.8	7.0~9.1
身长适宜范围（厘米）	66.0~72.3	64.5~70.6

6个月宝宝 能辨别熟人和陌生人；自拉衣服；自握足玩

6～7个月 焦虑关键词：食物过敏

“这也不能吃，那也不能喝”

“愁死了，我家宝宝对鸡蛋过敏”“我家宝宝对虾过敏”……在宝宝刚添加辅食的时候，最害怕遇到过敏现象：全身起疹子、腹泻、呕吐，可把家人吓坏了。宝宝出现过敏后，在辅食添加选择上，爸妈难免会束手束脚，各种小心翼翼。

解决焦虑：妈妈做好辅食添加记录

每次给宝宝添加新食物，妈妈都记录一下，添加时要一次一种来，每次加新辅食尽量在早饭那顿，这样万一有任何不适，可及时发现问题。在宝宝状态好的情况下加，从一勺开始，第一天可以尝试1～2次。新食物添加后观察三五天没有问题，再继续引进其他新食物。

开始添加泥糊状辅食了

扫一扫，听音频

辅食添加的原则

权威解读 《中国居民膳食指南》关于添加辅食

满 6 月龄起添加辅食

婴儿满 6 月龄时，胃肠道等消化器官已相对发育完善，可消化母乳以外的食物。同时，婴儿的口腔运动功能，味觉、嗅觉等感知觉，以及心理、认知和行为能力也已准备好接受新的食物。此时添加辅食不仅能满足婴儿的营养需求，也能满足其心理需求，促进其感知觉、心理及认知和行为能力的发展。

由一种到多种

宝宝刚开始添加辅食时，只给宝宝吃一种适合本月龄的辅食，尝试 1 周左右，如果宝宝消化情况良好，排便正常，再让宝宝尝试另一种食物。这样做的好处是，如果宝宝对食物过敏，能及时发现并找出引起过敏的是哪种食物。

由少到多

给宝宝添加一种新的食物，必须先从少量开始。父母需要比平时更仔细地观察宝宝，如果宝宝没有什么不良反应，再逐渐增加量。

由稀到稠，由细到粗

在刚开始给宝宝添加辅食时，建议添加一些容易消化、水分较多的流质辅食，有利于宝宝咀嚼、吞咽、消化。通常最开始添加的是专业的婴儿米粉，这是最不容易致敏的食物，待宝宝适应之后，慢慢过渡到各种泥糊状辅食，然后添加柔软的固体食物。给予宝宝食物的性状应从细到粗，可以先添加一些糊状、泥状辅食，然后添加末状、碎状、丁状、指状辅食，最后是成人食物形态。

辅食谁喂？怎么喂？用什么喂

宝宝要开始添加辅食了，那么到底谁喂？怎么喂？用什么喂？这些都很重要。

谁喂

首先要选择合适的喂养地点。不要将宝宝放置于游戏区、电视播放区等容易分散宝宝注意力的地方。喂养人可以是妈妈，也可是其他家人，但是必须注意：如果妈妈还在母乳喂养，建议妈妈不要抱着宝宝喂。应该将宝宝放在小椅子上或让其他家人抱着喂，以避免宝宝出于对母乳的依赖，总是转头寻找妈妈的乳房，从而出现喂食失败。

怎么喂

1. 建议在宝宝添加辅食早期，喂食时间最好选择和家人吃饭同步的时间，比如早中晚三餐时。因为宝宝看到家人都在吃，如果家人再做出一些很夸张的进食动作，宝宝就会对食物产生强烈的兴趣。所以在喂辅食时，应该让家人先吃，然后再给宝宝喂，这是一种诱导喂食的方法。

2. 宝宝在吃完奶后，很可能拒绝辅食。辅食应在两次吃奶间添加。虽然已经开始添加辅食，但不能减少母乳或配方奶的摄入量，特别在 6 个月时，辅食的摄入量非常少，大部分营养还是来自于母乳或配方奶。

用什么喂

1. 选择颜色鲜艳的小碗和小勺。小碗和小勺的颜色要不同，最好还要存在巨大反差，比如红色、黄色搭配，这样能吸引宝宝的注意力，激起宝宝的兴趣。

2. 目前市面上专为宝宝设计的餐具大多是塑料餐具。塑料餐具轻便，不易摔坏，并且不容易烫伤宝宝的手。

3. 为宝宝选餐具，最好选择外形浑圆的，这样宝宝不易被餐具的棱角碰伤。在选择餐具时，还要注意碗的手柄设计是否容易让宝宝握住，以便更好地激起宝宝吃饭的兴趣。可感温的勺子，能让大人监控勺子上食物的温度，当温度超过 40℃时，勺子会自动变色，防止宝宝被烫伤，推荐使用。

硅胶勺头的勺子不容易伤害宝宝娇嫩的小嘴，且质地较硬，耐咬，也能承接汤水或糊状物，很适合 0~1 岁的宝宝使用。

最好的第一口辅食：婴儿米粉

婴儿米粉是富含铁和碳水化合物的主食，容易消化，且不易致敏，同时补充宝宝易缺乏的铁。把婴儿米粉作为宝宝的第一口辅食是比较安全且容易被宝宝接受的。原味的婴儿配方米粉有淡淡的甜味和谷类香气，大多数宝宝都喜欢。

如何选购婴儿米粉

应该尽量选择规模较大、产品质量和服务质量较好的企业产品。还要看外包装上的营养成分表中营养成分是否全面，含量比例是否合理。营养成分表中除了标明热量、蛋白质、脂肪、碳水化合物等基本营养成分外，还会标注铁、钙、维生素 D 等营养成分。6 个月后的宝宝首选强化铁的婴儿米粉。

质量好的婴儿米粉应该是白色、均匀一致、有米粉的香气。

米粉怎么冲调比较好

1 米粉、温水（约 70℃）按 1 ：4 的比例准备好

将米粉加入餐具中，慢慢倒入温水，边倒边用汤匙轻轻搅拌；搅拌时遇到结块，用汤匙将其挤向碗壁压散

3 用汤匙将搅拌好的米糊舀起倾倒，呈炼乳状流下为佳，不要太稀

怎么喂给宝宝

第一次添加，可以只给宝宝吃 1 勺，调成稀糊状，先放一点儿在宝宝的舌头上，让他吮舔适应这种味道。如果宝宝接受良好，以后可以逐渐加量。

注意这是宝宝第一次吃饭，妈妈要面带微笑，用热切的眼神来鼓励他，让宝宝愉快地进餐。

延伸阅读

辅食添加不延迟，高致敏食物不可怕

最新研究显示，对于食物过敏的宝宝，推迟添加辅食并不会有更多益处。所以，在添加时间上与正常宝宝保持一致就可以了。按照美国儿科学会的指南，宝宝添加辅食后不再需要按照先添加低致敏食物，后添加高致敏食物（如鸡蛋、大豆及豆制品、鱼虾等）这样的顺序了。因为晚引进容易致敏的食物并不会降低过敏风险，相反可能更容易提高宝宝过敏风险，让宝宝养成挑食习惯。

宝宝 6 个月后要注意补铁

权威解读 《中国居民膳食指南》关于怎么补铁

6 个月宝宝每天铁的推荐摄入量：10 毫克

宝宝 6 个月之后，身体对于铁的需求量会大大增加，从之前的 0.3 毫克 / 天到现在的 10 毫克 / 天，仅靠从母乳或配方奶中摄取的铁已经不够了。开始添加辅食后，宝宝的饮食里需要含有足够的铁，因此宝宝的第一口辅食要吃铁强化的米粉。

婴儿补铁的有效方法

补铁的最好方法是通过饮食补给，因为食补是最为天然、安全的方法。所以，在饮食上要尽可能选择富含铁的食物，比如婴儿米粉、动物肝脏、瘦肉、动物血、鲜蘑（红蘑或白蘑）、菠菜、蛋黄、木耳等。此外，辅食要注意营养均衡。

强化铁的婴儿米粉

每 100 克含铁 6 ～ 10 毫克，用母乳、配方奶或水冲调成泥糊状（用小勺舀起不会很快滴落）。

动物肝脏

每 100 克猪肝含铁 25 毫克，而且也较容易被人体吸收。肝脏可加工成肝泥，便于宝宝食用。血红素铁主要存在于动物性食物中，吸收率较高，如肝脏中铁的吸收率达 10% ～ 20%。

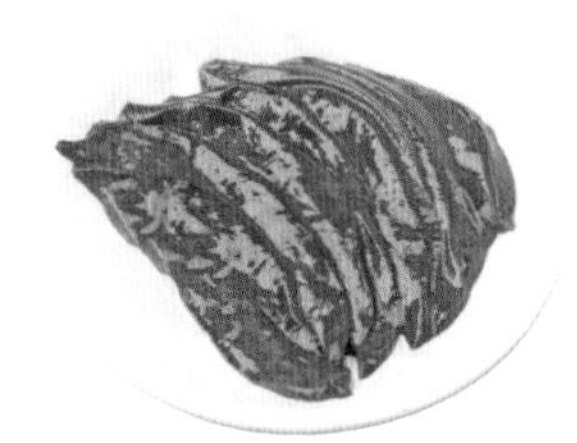

各种瘦肉

虽然瘦肉里含铁量不及动物血和动物肝脏，但铁的利用率很高，而且购买、加工容易，宝宝也喜欢吃，可加工成肉泥或肉松。

绿叶蔬菜

虽然植物性食物中铁的吸收率不高，但宝宝每天都要吃。在处理叶菜时，先用开水焯一下，去掉大部分草酸，可以让宝宝吸收更多的铁。

宝宝缺铁的症状

1. 妈妈可以观察到的：宝宝的皮肤、黏膜逐渐苍白或苍黄，以口唇、口腔黏膜及甲床最为明显。易感疲乏无力，易烦躁哭闹或精神不振，不爱活动，食欲减退。年龄大些的宝宝可诉头晕、眼前发黑、耳鸣等。

2. 医生可以检查出来的：所谓缺铁性贫血，就是红细胞数减少，或者血红蛋白量减少。检查是不是贫血，只有通过验血才能反映出宝宝的真实情况。

延伸阅读

美国是怎么补充铁剂的

一般宝宝只要在饮食上注意，就不需要额外补充铁剂，但以下 2 种情况除外：

1 早产宝宝。由于他们没有机会在妈妈的子宫里储备足够的铁元素，所以所有早产宝宝，特别是小月龄的早产宝宝（早于 32 周出生），从一出生就应该补充铁剂。

2 贫血的宝宝。在美国，宝宝 6 个月和 1 岁时都会被检测是否贫血。如果发现宝宝贫血，医生会建议添加铁剂，同时增加更多富含铁元素的食物。

6～7个月宝宝营养餐

米糊 健脾养胃

材料 大米20克。

做法

1. 大米洗净，用温水浸泡2小时，捞出沥干水分后倒入搅拌机，加少许水搅打成米浆。
2. 将米浆过筛倒入小锅，加8倍米量的清水，小火加热，期间用勺子不断搅拌防止煳锅，米浆沸腾后再煮2分钟即可。

功效 大米性平，味甘，具有补中益气、健脾养胃的作用，宝宝常喝大米糊能保护娇嫩的脾胃。

胡萝卜米粉 明目补血

材料 含铁米粉25克，胡萝卜20克。

做法

1. 胡萝卜洗净，去皮切块，放入蒸锅中蒸熟，然后放入辅食料理机中搅拌成泥状。
2. 将米粉放入碗中，冲水，搅拌成糊状。
3. 把胡萝卜泥用少量温水搅匀，稍稍凉凉，与米粉糊混合。

功效 补铁，预防贫血；补胡萝卜素，保护眼睛。

苹果米粉 健脑益智

材料 含铁米粉25克，苹果30克。

做法

1. 苹果洗净，去皮、去核，切块，放入蒸锅中蒸熟，然后放入搅拌机中，加适量温水搅成泥状，过滤去渣。
2. 将米粉放入碗中，冲水，搅拌成糊状。
3. 把苹果泥用少量温水搅匀，稍稍凉凉，与米粉糊混合。

功效 苹果中含有葡萄糖、钙、磷和黄酮类物质，有利于壮骨和健脑。

宝宝日常照料及能力训练

固定时间哄宝宝上床睡觉

让宝宝养成规律作息，每天固定同一时间哄他上床睡觉，起床时间也要固定。6个月后的宝宝每晚平均睡眠时间约 11 小时，白天上午和下午各有一次 1 ~ 2 小时的小睡，但下午 5 点以后尽量不要有“大睡”，以免影响晚间睡眠。晚上，要在宝宝醒着时将其放到床上，帮助他习惯在床上自己入睡。如果是在吃奶时或被摇晃时睡着的，那么他半夜醒来也会有同样的期待。

保证每天 2 次户外活动

宝宝添加辅食后，要增加户外活动，以促进对食物的消化和吸收。户外活动可增加宝宝接触外界事物的机会，对机体产生相应的刺激，既增强体质又可减少过敏的发生，还可促进宝宝认知及情感发育。

无特殊情况时，要保证宝宝每天 2 次户外活动，活动总时间不少于 2 小时（夏天在阴凉处活动，冬、春和秋天在阳光下活动），并应持之以恒，才能达到锻炼的效果。如遇到大风、大雪、气温骤降等恶劣天气，可暂停活动，但应增加室内活动。

户外活动一次时间不宜过长，可分多次进行，以免影响宝宝睡眠、饮食的规律。

对于正在生长发育中的宝宝，在寒冷的冬天也应勇敢地走出家门，经受“冷”的洗礼，才能锻炼出强健的体魄。

选购标签上注有“婴幼儿用品、A类、GB184012010”等字样的服装。这类衣服的甲醛含量、pH值更符合标准。

如何为宝宝购买舒适的衣物

给宝宝选购衣服，要遵循以下几个原则：

第一，要选全棉制品。

第二，选择颜色较浅的衣服。因为颜色越鲜亮，花纹、图案越多，其中可能含有的化学成分含量越高，会伤害宝宝娇嫩的肌肤。

第三，选择款式简单的衣服，最好选择容易穿脱的衣服。

宝宝6个月后，活动范围和幅度较之前都有明显增强，宝宝的衣服应以宽松为主，袖子和裤腿不宜过长，否则会影响宝宝活动。

因宝宝腿脚的活动（如蹬腿、踢腿、扶站等动作）比以前明显增多，可以给宝宝准备一双合适的鞋，最好选择鞋底柔软有弹性的学步鞋。大小以脚后跟与后鞋帮相差一指为宜，宽度以脚最宽处不紧为宜。

关注脊柱发育，防驼背

驼背不仅影响体形美，还会影响心肺发育。因此，在婴幼儿时期就应开始关注脊柱发育。

出生后3个月，宝宝开始出现抬头等动作，脊柱开始形成第一个生理弯曲——颈椎前凸。6个月时，脊柱形成第二个弯曲，即胸椎后凸。因此，6个月以前的宝宝，如果没有良好的支撑，不要单独坐。因为这时宝宝的胸椎还比较“软”，强行提前形成弯曲，容易让宝宝养成前倾的习惯，日后容易形成驼背。

应顺应宝宝正常的发育过程，不要让宝宝提前坐、站、走，以免影响其正常生长。此外要注意补钙，还要进行早期被动运动，做俯卧、抬头等动作训练，观察上肢的支撑力度及头颈的活动度，并定期做体格发育评价。

育儿专家提醒

给宝宝洗手前父母先洗手

勤洗手是预防感冒的关键措施之一，父母给宝宝洗手前最好自己先洗手。另外，宝宝的衣物和床单被罩等，如果沾上宝宝的呕吐物或粪便，一定要烫洗、晾干，才能起到更好的杀菌作用，避免感染疾病。宝宝经常触摸的家具表面，如婴儿床的护栏、婴儿椅甚至地板，也都要注意消毒。

宝宝活动范围大了，爸妈要注意安全性

6 ~ 7 个月的宝宝活动能力增强，活动范围扩大，父母更需加强安全防范意识，防止意外的发生。

1 不要把危险的东西放在宝宝能够得到的地方，尤其是会堵住呼吸道的物品，如塑料薄膜。

2 不要长时间让宝宝自己在床上玩耍。

3 宝宝在没有护栏的床上睡觉时，父母应在身边陪护，防止宝宝醒后摔下床。

适合 6 ~ 7 个月宝宝的玩具

此阶段宝宝的玩具大多是哗啷棒、布娃娃、不倒翁、塑料汽车及带发条的会动动物。把这些玩具放在宝宝面前，他会非常高兴。宝宝趴着时，在他前面摆放一个会动的玩具，他就会伸手去够。尽管这时他还不怎么会向前爬，但这种想拿到玩具的欲望能促使宝宝向前爬行。

能力训练重点

- **大运动能力：**连续翻身，独坐。
- **精细运动：**双手拿纸能将其撕破；伸手够远处的玩具。
- **认知能力：**区分亲人和陌生人；寻找丢失的玩具。
- **语言能力：**开始模仿说话，能听懂父母不同语气、不同语调的含义。

接力棒，宝宝精细动作的发展

父母和宝宝并排而坐，并告诉宝宝："咱们来玩接力棒游戏。"然后父母拿一个有足够吸引力的玩具，从自己的一只手交到另一只手里，再交到宝宝的一只手里，并教宝宝将玩具也从一只手交到另一只手上，完成接力游戏。

当宝宝按照父母的指导完成动作后，要及时给予鼓励，激发宝宝自己动手的兴趣和信心。这个游戏能够训练宝宝的手部精细运动和手眼协调能力。

练敲打，促进宝宝双手的协调性

父母和宝宝坐在床上，父母先拿两个玩具对敲发出声响，让宝宝听后模仿敲打动作。这个游戏可训练宝宝的双手协调能力。

6～7个月宝宝异常情况处理

幼儿急疹

幼儿急疹由人类疱疹病毒引起，多发于6～18个月宝宝身上，最典型的症状是：起病急，高烧达39～40℃，持续2～3天后自然骤降，精神也随之好转。

幼儿急疹不会引发别的并发症，热退疹出之后自己就好了。但是很多家长见到宝宝发热就特别着急，非要带着患病的宝宝反复跑医院，不仅无济于事，反而有可能造成交叉感染，使病情复杂化。其实，宝宝已经确诊为幼儿急疹，而且精神状况比较好，家长就可放心在家护理。

1

如果宝宝体温较高，并出现哭闹不止、烦躁等情况，可以给予物理降温，如洗温水澡，用温水擦拭宝宝的额头、腋下、腹股沟等处。同时要多给宝宝喝温水。

2

让宝宝卧床休息，尽量少去户外活动，避免交叉感染。

3

注意营养，饮食上要清淡易消化，可食用一些易消化的流食或半流食，如米汤、菜汤、蛋花汤、面片等。

4

体温超过38.5℃时，若宝宝状态不好，要给宝宝服用退烧药，以免发生高热惊厥。

5

室内开窗通风，以保持空气新鲜，每日通风3～4次，注意室内适宜的温湿度。

育儿专家提醒

幼儿急疹要加强护理

幼儿急疹是病毒感染引起的，治疗不需要使用抗生素，只要加强护理，适当给予对症治疗，几天后就会自己好转。当宝宝高热不退，精神差，出现惊厥、频繁呕吐、脱水等表现时，要及时带宝宝到医院就诊，以免造成神经系统、循环系统功能损害。

食物不耐受

扫一扫，听音频

现在越来越多的宝宝被认为是食物过敏，从而被限制摄入很多食物，其实这些宝宝也有可能是食物不耐受，而不是食物过敏。那么到底二者有何不同，又该如何区分呢？

食物过敏是食物不良反应的一种

从广义上来说，食物过敏只是食物不良反应的一种。食物不良反应分为食物中毒、食物过敏、食物不耐受。通常食物过敏的发生是很迅速的。

食物不耐受和宝宝的免疫功能没有多大关系，而是由于消化酶的缺乏造成的，大多是先天性的缺乏。最常见的食物不耐受是乳糖不耐受。由于宝宝的肠道中缺乏乳糖酶，所以当宝宝的饮食中含有乳糖成分时，无法将其消化，从而出现腹胀、腹痛、腹泻等一系列消化道症状。

食物过敏和食物不耐受的区别

	食物过敏	食物不耐受
与免疫球蛋白的关系	与免疫球蛋白 E 相关	
过敏原（不耐受物）不同	鸡蛋、牛奶、花生、黄豆、坚果及鱼虾类等	对乳糖、水杨酸等物质不耐受
发作时间不同	发病比较迅速，往往在吃下食物几分钟至数小时就会出现不良反应	发病比较缓慢，症状一般在进食数小时到数天后才会发现，而且是一个累积的过程
症状不同	症状明显，如呕吐、腹泻、皮肤红肿、哮喘等，日常生活中容易引起关注	症状比较隐蔽，腹泻、腹胀、腹痛、放屁，通常人们认识不到它的存在
多发人群不同	多发于儿童，成人较少发生	儿童和成人都有可能发生
处理方法不同	避免接触致敏食物，药物脱敏治疗	通常以调整饮食为主
处理结果不同	不易改善	在一段时间后会有改观

7～8个月

7～8个月宝宝的生长特点

项目 \ 性别	7个月宝宝的情况		8个月宝宝的情况	
	男宝宝	女宝宝	男宝宝	女宝宝
体重适宜范围（千克）	7.8~9.8	7.3~9.1	8.1~10.1	7.6~9.4
身长适宜范围（厘米）	67.4~72.3	65.9~70.6	68.7~73.7	67.2~72.1

7个月宝宝 能听懂自己的名字；自握饼干吃

8个月宝宝 注意观察大人的行动；开始认识物体；两手会传递玩具

7～8个月 焦虑关键词：分离焦虑

“看到妈妈要出门就号啕大哭”

不少职场妈妈会碰到这样的苦恼：每天早上宝宝缠着妈妈不让去上班，看到妈妈要出门就抱着号啕大哭。于是，妈妈快要上班的时候就让其他人抱宝宝到阳台上去玩，自己像做贼似的偷偷跑出去，到了单位心里老是牵挂着宝宝。

解决焦虑： 多给予宝宝足够的安全感

宝宝在6～7个月开始出现分离焦虑，高峰期出现在10～18个月。对于宝宝的第一次分离焦虑，该不该一哭就抱？在6～18个月，哭是宝宝最真实的表达，父母应及时给予回应，给宝宝足够的安全感，这有助于缩短分离焦虑的时间。对于真正意义上的“离开”，妈妈也要告诉宝宝后再离开，切不可出门后不忍心又回去。妈妈千万不要在向宝宝道别时表现得很难过。

会啃咬了，食欲大增，营养要均衡

宝宝每天进食的量

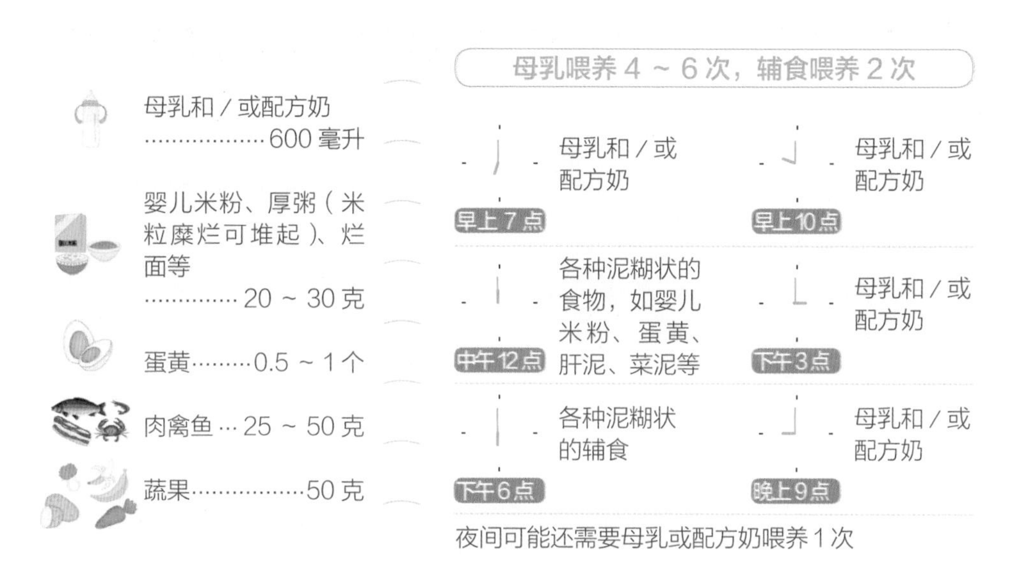

怎样添加辅食营养才均衡

这个阶段，宝宝辅食的进食量增加，要给宝宝准备营养全面而均衡的食谱。粥、面条、馄饨等是富含碳水化合物的食物；新鲜的蔬果是富含维生素的食物；肉类、肝泥、蛋黄等是富含蛋白质、铁的食物；还需要额外添加 5 ~ 10 克油脂，推荐以富含 α－亚麻酸的植物油为首选，如亚麻子油、核桃油等。妈妈要注意将富含这些营养素的食物搭配在一起给宝宝做辅食。

7 ~ 9 个月，宝宝的体重增长逐渐缓慢，但仍在稳步增长着，这个阶段宝宝体重每月平均增长 0.22 ~ 0.37 千克就在正常范围内。

准备磨牙食物，缓解牙床不适

进入 7 个月的宝宝，已经开始逐渐萌出牙齿，牙床开始痒痒，于是他们变得喜欢咬这咬那。这一阶段应让宝宝多吃磨牙食物，不仅能缓解宝宝牙床的不适，还能锻炼咀嚼能力，刺激牙龈，促进牙齿萌出。

补充胆碱，促进大脑发育

权威解读 《中国居民膳食指南》关于怎么补胆碱

6 ~ 12 个月每日补充胆碱的量：150 毫克

胆碱是卵磷脂和鞘磷脂的组成成分，是参与记忆存储的重要神经递质——乙酰胆碱的前体。胆碱对宝宝的发育极其重要，尤其是在大脑发育阶段，它能影响神经管的闭合、终生记忆力和学习能力。联合国标准中已将胆碱列为婴儿配方食品中的必需成分。宝宝的体内不会自然产生胆碱，所以需要从母乳和食物中获取。

宝宝补充胆碱的方法

纯母乳喂养：乳汁中会分泌大量的胆碱，提倡纯母乳喂养。

配方奶喂养：选择添加了胆碱的配方奶。

辅食喂养：摄入鸡蛋、鸡肉、鱼肉、牛肉、猪瘦肉和西蓝花等。

100 克鸡蛋含 250 ~ 330 毫克胆碱。宝宝 7 个月后就可以添加蛋黄泥，而逐渐添加有助于预防宝宝对鸡蛋过敏。

给宝宝吃肉了吗？再不吃就晚了

红肉中不仅富含胆碱及铁，而且吸收率很高，宝宝 6 个月后就可以添加肉泥，以满足对铁的需求。以前有一些老观念，认为肉类不好消化，要 8 个月以后再添加，其实那时添加已经晚了。

别让缺锌影响了宝宝的食欲

权威解读 《中国居民膳食指南》关于怎么补锌

7 ~ 12 个月每日补锌的量：3.5 ~ 4 毫克

1 ~ 3 岁每日补锌的量：4 ~ 5.5 毫克

锌是许多酶的组成成分，是人体细胞成长的关键物质。如果宝宝缺锌，必然导致发育受阻，骨骼和大脑皮层发育不完全，甚至会造成缺锌性发育不良综合征。宝宝缺锌常见的表现有：原因不明的厌食、偏食、异食癖（咬指甲、吃纸等）及生长发育落后、个子矮小；抵抗力差，反复感冒或腹泻；复发性口腔溃疡；性发育迟缓，第二性征发育不全；多动、注意力不集中等。挑食和营养不良的宝宝往往伴随着锌的缺乏。

宝宝补锌的方法

母乳喂养： 母乳中锌的吸收率高，可达 62%。尤其是初乳含锌量高。

配方奶喂养： 选择添加了锌的配方奶。

辅食喂养： 给宝宝吃强化锌的食物，如强化锌的米粉。逐渐添加容易吸收的富锌辅食，如牛瘦肉、动物肝脏、蛋黄、海鱼、牡蛎、核桃粉等。

宝宝这种情况下注意补锌

1. 当宝宝发热感冒、腹泻时间较长时，应注意补充含锌食物或锌剂。

2. 多汗的宝宝容易丢失锌，因此辅食中必须增加富含锌的食物。

6 个月
可从添加米粉、蛋黄开始补充锌

7 ~ 9 个月
可将猪肝、瘦肉、鱼肉等剁成末做成菜肴

10 ~ 12 个月
逐渐添加贝壳类等海产品，如牡蛎瘦肉粥、蛤蜊蒸蛋等

1 ~ 3 岁
适量多吃坚果类食物

7~8个月宝宝营养餐

土豆米糊 通便、健脾胃

材料 大米30克，土豆20克。

做法

1. 大米淘洗干净，用水浸泡30分钟，沥干水分；带皮土豆洗净，切块，上锅蒸熟。
2. 将大米、熟土豆块和适量水放入搅拌机中，研磨1分钟至细腻浆状。
3. 将浆倒入锅中煮沸即可。

功效 土豆含有钾、维生素C、膳食纤维，有利于养胃、通便。

蛋黄土豆泥 健脑、强体

材料 鸡蛋1个，土豆45克。

做法

1. 鸡蛋洗净，凉水下锅煮熟，取蛋黄，用研磨器碾压成泥；土豆洗净，带皮蒸熟，去皮，放入研磨碗中捣成泥。
2. 锅内放入土豆泥、蛋黄泥和温水，加火稍煮开，搅匀即可。

功效 蛋黄含有丰富的铁、卵磷脂、锌、胆碱等营养素，容易消化吸收；土豆含有钙、维生素C等。二者同食可促进宝宝大脑发育，增强免疫力。

菠菜猪肝泥 保护眼睛

材料 菠菜15克，新鲜猪肝30克。

做法

1. 新鲜猪肝洗净，切片，上锅蒸熟；菠菜洗净，放入沸水中焯烫一下，捞出，放凉。
2. 将熟猪肝片、菠菜和适量水放入搅拌机中搅拌成泥即可。

功效 菠菜中所含的胡萝卜素进入宝宝体内会转变成维生素A，猪肝也富含维生素A，二者有利于宝宝眼睛健康。

宝宝日常照料及能力训练

给宝宝洗澡要注意什么

1

洗澡时不开浴霸，浴霸的强光会刺激宝宝的眼睛

2

先放凉水，再放热水，水温宜控制在 37℃左右。当宝宝充分适应洗澡的习惯时，可以让他在水中玩一会，时间 10 ~ 15 分钟为宜，但水温需要始终控制在 37℃左右

3

要用婴儿专用洗护用品

4

妈妈要用手指堵住宝宝的耳朵，以免洗澡水流入引起耳朵感染

宝宝嘴唇干裂，如何呵护

嘴唇干裂、皮肤皲裂等是宝宝常见的皮肤问题。那么，应该如何呵护宝宝娇嫩的肌肤呢？

1

使用保湿产品

选用宝宝专用保湿用品，尤其在皮肤已经出现干裂的曝露部位，更应该及时用保湿产品护理。

2

晚上涂抹润唇膏

最佳的护唇时间在晚间，晚上宝宝熟睡后，和嘴相关的咀嚼、语言功能都会停止，熟睡后在宝宝的嘴唇上涂上少许橄榄油、香油或者婴儿专用润唇膏，对嘴唇的滋润作用可以持续一晚上。

3

多吃富含维生素 A、B 族维生素的食物

维生素 A、B 族维生素有利于维护皮肤黏膜屏障的完整性和稳定性，猪瘦肉、蛋黄、动物内脏、胡萝卜、玉米、豆芽、菠菜等是不错的辅食选择。

宝宝应远离的“异味”

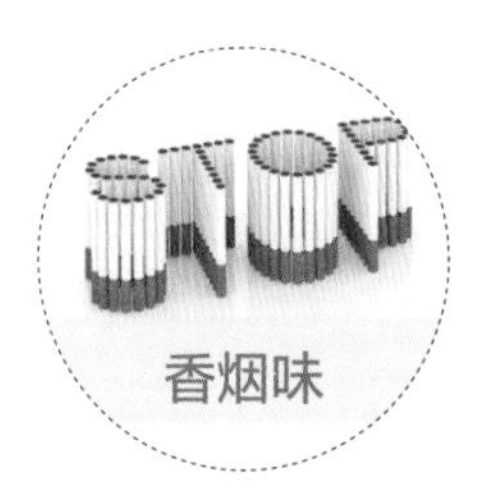

香烟中的有害物质会直接威胁宝宝稚嫩的呼吸道、交感神经和成长中的大脑。

芬芳的香水其实是一瓶化学制剂，其中的某些成分可能是有毒的。如果妈妈难以割舍自己的“香水情结”，不妨在和宝宝道别之后、离家之前喷洒一点，下班回家后立即冲个热水澡，再和宝宝亲密接触。

樟脑丸有强烈的挥发性和毒性，成人有将这些毒性排出体外的能力，而宝宝却不具备。宝宝的衣物不可使用樟脑丸。保证宝宝贴身用品干净、无毒的最好方法是在洗过之后用开水烫一遍，达到消毒的目的。

新车内含有甲醛和苯，会释放出有毒有害气体。尾气中的一氧化氮和二氧化氮也会影响宝宝中枢神经、呼吸系统。平时，多带宝宝在郊外、公园、小区活动，远离街道、公路和公共汽车站。

保证宝宝身边物品的卫生和安全

宝宝处于出牙阶段，习惯啃咬手指、玩具等物品，所以要勤给宝宝洗手、剪指甲，定期清洗常用玩具和物品。宝宝的运动能力进一步提高，活动范围扩大，容易发生意外，所以家长更应注意安全防范。要将宝宝经常活动的居室清扫干净，将可能导致意外的物品放在宝宝够不到的地方，同时注意电线、插座、电源等的安全情况，将桌角等边角处加上防护罩。尽量不要让宝宝脱离家长的可视范围。

适合 7 ~ 8 个月宝宝的玩具

此阶段宝宝玩的玩具和前两个月大同小异，主要有哗啷棒、鼓、不倒翁、布制动物玩偶、橡皮娃娃、塑料小车等。但是，此时宝宝可能更喜欢摆弄家中的日常用品，如碗、勺、台灯、电灯开关、门把手、抽屉拉手、电视机、收音机、手机等。什么都想看，什么都想摸。

能力训练重点

- **大运动能力：**用上肢和腹部匍匐爬行；自己能坐起来、躺下去。
- **精细运动：**用手指捏取小东西；能将物品从一只手换到另一只手。
- **认知能力：**熟人张开双手招呼时，宝宝会伸手表示要抱；能记住分别一周的熟人；能分辨成人的不同态度及面部表情。
- **语言能力：**能够重复连续发多音节，如“da-da”、“ba-ba”等。

让宝宝学着独处一会儿

把宝宝放在毯子上，放些小玩具在他身旁，让他一个人待一会儿。这样他才有机会自己探索周围的环境、学习独处，知道自己是区别于妈妈的独立个体，也有助于帮助宝宝应对分离焦虑。但注意不要让他一个人待太久。

视宝宝的情况练习扶站

父母和宝宝站在沙发前边，让宝宝双手抓住沙发，身体不要靠在沙发上，父母站在身后将其扶好，在宝宝站稳后松手，训练宝宝单独扶物站立。经过一段时间反复练习，宝宝就可以在身体不依靠外物时扶着站稳。这样的练习也要视宝宝的情况而定，如果宝宝坐得不太稳、时间也不太长，就不宜开始练习扶站。

7～8 个月宝宝异常情况处理

初夏发热的疾病

每年 5 月末到 7 月，是疱疹性咽峡炎的流行季节，患此病的婴幼儿常会有哭闹、拒奶、持续发热、咽部疼痛、流涎、呕吐等表现。一般来说 2～4 岁的幼儿易患这种病，将要出牙的婴儿也易得这种病。这种病的发病率仅次于幼儿急疹，因此父母应重视。

临床上有一种与疱疹性咽峡炎非常相似的病，即手足口病。其发热症状和口腔内的水疱症状与口腔炎相同，不同的是在婴儿的手、脚、臀部有水疱样的丘疹（突出于皮肤表面的红色斑点），这是其特征，手足口病的重型会合并心肌炎和脑炎，威胁生命。

如果宝宝热退后没有其他不适表现，也可以不去医院。但有惊厥史的宝宝则要注意，不论是疱疹性咽峡炎还是手足口病，都能引发抽搐，建议去医院就诊。

尿路感染

和成人相比，宝宝更容易得尿路感染，尤其是小婴儿，这与宝宝自身的生理特征密切相关。通常，女婴发病率为男婴的 3～4 倍。

对大部分宝宝来说，不明原因的发热可能是尿路感染唯一的症状。其实宝宝尿路感染也有尿频、尿急、尿痛的症状，只不过他们无法用语言表达出来。发现宝宝总是抗拒排尿、排尿时哭闹，或者宝宝的会阴常见有尿布疹，尿布有臭味时，要带他去看医生。

对于发热的护理，可采用物理降温。多数宝宝通过多喝水、多排尿就可以使尿路感染的症状逐渐减轻。同时要勤换尿布或纸尿裤，清洗尿布后要用开水烫洗再晒干，或煮沸消毒。

地图舌

有的宝宝舌面上出现一种形状不规则的病变，颜色发红，边缘发白，看上去好像地图，医学上称为地图舌。这是一种原因尚不清楚的舌黏膜病，多见于 6 个月以上的体弱宝宝。地图舌一般没有任何自觉症状，多由家长偶尔发现。地图舌不影响食欲，对健康也无明显影响，所以一般不需要治疗。但地图舌也有可能是因为体内缺乏维生素 B_2，此时可以在医生指导下适当补充维生素制剂。

9~10 个月

9~10 个月宝宝的生长特点

项目 \ 性别	9 个月宝宝的情况		10 个月宝宝的情况	
	男宝宝	女宝宝	男宝宝	女宝宝
体重适宜范围（千克）	8.4~10.4	7.8~9.7	8.6~10.7	8.0~10.0
身长适宜范围（厘米）	70.1~75.2	68.5~73.6	71.4~76.6	69.8~75.0

9 个月宝宝 看见熟人会手伸出来要人抱；可与人合作游戏

10 个月宝宝 能模仿成人的动作，如招手、“再见”

9 ~ 10 个月 焦虑关键词：营养素补不补

“宝宝吃 xx 了吗？”

“宝宝补钙、补锌了吗？”被问得多了，就觉得周围的宝宝都在补，不给自己的宝宝补心里不踏实。生怕宝宝营养跟不上，输在了起跑线上。那么，到底要不要给宝宝补充营养素制剂呢？哪些营养素真的需要补？多补会对宝宝的身体有害吗？这些问题一直是妈妈的心病。

解决焦虑： 均衡营养，食补是王道

对于添加辅食的宝宝来说，要尽快引入各种营养丰富的食物，均衡营养的膳食才是最重要的。宝宝还要加强户外活动，促进身体对营养的消化和吸收。所以，家长应该多了解不同食物中都富含哪些营养素，如何搭配好宝宝的一日三餐与零食加餐，这才是最重要的。

家长给宝宝单独吃营养素补充剂的做法并不可取，因为营养素补过量了会中毒，给宝宝身体带来健康隐患。

可以吃丁块状、指状食物了

宝宝每天进食的量

母乳和 / 或配方奶 ………………600 毫升

婴儿米粉、肉末粥、菜末粥、烂面等 …… 30 ~ 45 克

蛋黄………………1 个

肉禽鱼 … 25 ~ 75 克

继续尝试蔬果，从少量开始

母乳喂养 4 ~ 5 次；辅食喂养 2 ~ 3 次

时间	内容	时间	内容
早上 7 点	母乳和 / 或配方奶	早上 10 点	母乳和 / 或配方奶
中午 12 点	各种碎状的食物，如肉末粥、菜末粥等	下午 3 点	母乳和 / 或配方奶
下午 6 点	各种碎状的辅食	晚上 9 点	母乳和 / 或配方奶

夜间可能还需要母乳或配方奶喂养 1 次

让宝宝快乐接受蔬菜

1

在米饭里加入玉米粒、豌豆粒、胡萝卜小粒、蘑菇小粒，再滴上香油，美丽的五彩米饭或许能使宝宝兴趣大增。再如，吃面条的时候可配上黄瓜、焯豆芽、烫菠菜叶等。可以把蔬菜放入鱼汤、肉汤中同煮，将蔬菜与多种主食、肉食搭配。

2

如果宝宝暂时无法接受某种营养价值较高的蔬菜，可以找到与这种蔬菜营养价值类似的其他蔬菜来满足宝宝的营养需要。比如，宝宝不肯吃胡萝卜，那就尝试吃富含胡萝卜素的西蓝花、豌豆苗、油菜等深绿色蔬菜。

3

让宝宝在吃蔬菜时总是快乐的，培养他们热爱蔬菜的感情。很多宝宝爱吃带馅儿食品，因此，可以常在肉丸、鱼丸、饺子、包子里添加少量宝宝平时不喜欢吃的蔬菜，久而久之，宝宝就会习惯并接受它们了。

手指食物，让宝宝学会独立进食

手指食物，其实是指宝宝能自己用手指捏起来送到嘴里吃的“有形有块”的食物。所以，不是只有磨牙饼干、黄瓜条、胡萝卜条才是手指食物，任何固体的、能被切成片状或块状的、手指捏起来不会散的食物，都属于手指食物。8 个月以上的宝宝，就要添加手指食物了。

手指食物带来的好处

手指食物是宝宝从泥糊状食物向成人饮食过渡的必经阶段。错过了手指食物添加期的宝宝，不容易顺利接受碎菜碎肉类食物，往往会长期停留在泥糊状食物。更有“嚼头”的手指食物有助于训练咀嚼能力，同时可以提高宝宝对新食物的接受能力、进食技巧和自己动手吃饭的意识，并促进宝宝面颌、牙齿和消化系统的正常发育。从“熟透了”到“脆生生”，请慢慢添加。

哪些食物适合做手指食物

1. 熟透的、软的、去皮后的水果：香蕉、桃子、蒸熟的苹果、梨、甜瓜、草莓等。

2. 煮软了的蔬菜：胡萝卜、红薯、土豆、萝卜、西蓝花、菜花、芦笋等。

3. 做熟的谷类食物：熟面条或意大利面（切成长短大小合适的尺寸）、烤薄馒头片、面包片（去掉四周硬边，只用中间软心）。

添加手指食物需注意的

1. 添加手指食物的同时，不要停止添加泥糊样食物，而是要穿插进行，随着宝宝接受程度的改变来调整这两类食物的比例。骤停泥糊样食物会导致饮食紊乱和营养摄入不足。

2. 一定要让宝宝坐着吃手指食物，其他姿势会增加呛咳的风险。

3. 在给宝宝吃手指食物的时候，一定要有大人在旁边监督，以免出现呛咳、误吸等问题。

补充 B 族维生素，促食欲、强身体

补充 B 族维生素，可以多吃谷薯类、鱼肉、禽畜肉、乳制品等食物。

权威解读 《中国居民膳食指南》关于补 B 族维生素

6 ~ 12 个月每日补充维生素 B_1 的量：0.3 ~ 0.6 毫克
6 ~ 12 个月每日补充维生素 B_2 的量：0.5 ~ 0.6 毫克
6 ~ 12 个月每日补充维生素 B_6 的量：0.4 ~ 0.6 毫克
6 ~ 12 个月每日补充维生素 B_{12} 的量：0.6 ~ 1.0 微克

B 族维生素包括维生素 B_1、维生素 B_2、维生素 B_6、维生素 B_{12}、烟酸、叶酸、泛酸以及生物素，这些营养素能够帮助身体制造和利用热量，如果缺乏这些物质，宝宝容易发生疲劳、食欲低下等。有的宝宝晚上还经常哭闹，这也有可能是缺乏 B 族维生素特别是维生素 B_1，维生素 B_1 对神经组织和精神状态有良好的影响，对成长中的宝宝尤其重要。

B 族维生素	主要作用	缺乏表现	辅食来源
维生素 B_1	增进食欲，营养神经，维护心肌，消除疲劳	消化不良，有时还会引起手脚发麻及多发性神经炎和脚气病	谷类、豆类、酵母、干果、动物内脏、瘦肉、蛋类、深绿色蔬菜等
维生素 B_2	促进皮肤、指甲、毛发的正常生长，促进发育和细胞的再生	出现口臭、睡眠不佳、精神倦怠、皮屑增多等	动物内脏、禽蛋类、奶类、豆类及新鲜绿色蔬菜等
维生素 B_6 维生素 B_{12}	维护脑功能，生成红细胞	皮肤感觉异常、毛发稀黄、精神不振、食欲下降、呕吐、腹泻、营养性贫血等	动物肝脏、牛肉、猪肉、牛奶、奶酪、鸡蛋、糙米、燕麦、花生、豆类等

酵母、动物肝脏等中含有丰富的 B 族维生素，而且酵母中的 B 族维生素更容易被人体吸收和利用，所以宝宝适当食用发酵的面食，有助于补充 B 族维生素。

B 族维生素是水溶性维生素，且容易被氧化，烹调时宜采用煮、蒸或做馅等加工方式，尽量减少营养的流失。

9～10 个月宝宝营养餐

玉米豌豆粥 促进消化

材料 大米 20 克，新鲜玉米粒 10 克，豌豆 5 克。

做法

1. 大米洗净，用温水浸泡 30 分钟；新鲜玉米粒、豌豆分别洗净，放入沸水中焯烫一下，去皮，倒入搅拌机中，加适量水搅拌成碎状。
2. 将大米和适量水倒入锅中，大火煮开，再放入玉米和豌豆碎，煮熟即可。

功效 豌豆一定要煮熟，否则容易引起腹胀。玉米和豌豆都含有丰富的膳食纤维，不宜吃太多，否则容易导致消化不良。

小米山药粥 健脾胃

材料 山药 50 克，小米 15 克，大米 20 克。

做法

1. 大米和小米分别洗净，用温水浸泡 30 分钟；山药洗净，戴上一次性手套削皮，切小丁。
2. 锅置火上，倒入适量清水烧开，下入小米煮沸，再放入大米，大火烧开后煮至米粒七八成熟，放入山药丁煮至粥熟即可。

功效 小米有健脾养胃的作用；山药淀粉酶能促进胃液分泌。这款粥可促进宝宝肠胃蠕动，加速食物的消化。

鸡肉馄饨 补充优质蛋白质

材料 鸡肉 50 克，青菜 70 克，馄饨皮 10 张。

调料 鸡汤、葱花各适量。

做法

1. 青菜择洗干净，切碎；鸡肉洗净，上锅蒸熟，切小块，用料理棒搅碎。
2. 将青菜碎、鸡肉碎搅拌做馅，包入馄饨皮中。
3. 鸡汤放入锅中烧开，放入馄饨生坯，煮熟时撒上葱花即可。

功效 鸡肉的蛋白质含量较高，且含有不饱和脂肪酸，是宝宝所需蛋白质的良好来源。

宝宝日常照料及能力训练

宝宝的衣服是穿多了还是穿少了

衣服及鞋子要大小得体，方便宝宝活动。由于宝宝的活动量增加，衣服不要穿得很多，随温度变化增减。平时可以经常摸摸宝宝的脖子和手脚，只要脖子是暖的，又没有汗，手脚不是特别凉，就说明宝宝穿得合适。如果宝宝安静时背上也有汗，就说明给宝宝穿多了。如果脖子和手脚都很凉，则说明宝宝穿得不够暖和。

宝宝夏天穿短裤最好过膝

对娇弱的婴幼儿来说，关节部位特别是膝盖的保暖一年四季都很重要，炎热的夏季也不例外。这是因为宝宝的膝关节皮下脂肪组织少，缺乏自我保护，如果穿着膝盖以上的短裙或短裤，很容易在宝宝并不自知的情况下受凉，甚至为将来的生长发育埋下隐患。因此，对于 3 岁以下的婴幼儿来说，最好穿长度过膝的短裤和裙子，比如宽松的五分裤和七分裤，既能保护小膝盖，又不会有束缚感，非常适合好动的宝宝。

如何防止宝宝睡觉踢被子

1

被夹固定被子。用夹子夹住被子的角，将环套固定在床柱上，被子就不会被踢开了。注意用被夹固定被子时，要留出足够的空间给宝宝翻身，否则会影响宝宝四肢活动和发育。

2

露出小脚丫。宝宝的小脚露在外面，通常他踢被子的次数会大大减少。不如索性睡觉时给宝宝穿上厚袜子，让宝宝的小脚露在被子外面。

3

让宝宝睡在睡袋里面，拉上拉链（建议选择下方封口的睡袋），宝宝怎么动也不会把睡袋踢开。最好选用纯棉或纱布质地的睡袋，这种面料既柔软又透气。

避免宝宝误吞小物品

宝宝各方面能力都有所增强，如活动能力、精细运动能力、手眼协调能力等，能够捏起小物品，并且出于好奇，经常将所抓物品放入口中啃咬，此时家长应特别注意防止宝宝将捡拾到的细小物品如小豆或药丸等吞入体内（或吸入气管中），以免发生意外。

建议宝宝经常活动的地方要整洁干净，小的物品都要收拾好，尖锐及危险的物品也要远离宝宝，以免造成伤害。

适合 9 ~ 10 个月宝宝的玩具

这个阶段的宝宝喜欢在家拿着茶叶桶滚着玩，或者用勺子敲打着金属杯玩。也就是说这个阶段的宝宝喜欢玩家里各种各样的器具，这种倾向比上个月更明显了。在玩具中，最喜欢打击乐器（鼓、木琴、钢琴）。这也许是因为宝宝的手已经很好使的缘故。爱好音乐的宝宝，给他放点音乐他会很高兴，并且宝宝已有了希望放的表现。

这一时期，为了促使宝宝爬行和扶着墙走步，把带有发条装置的玩具上满发条使它移动，然后让宝宝在后面追赶（汽车、火车、能走路的动物玩具）。此时，应经常检查宝宝的玩具，以防受损玩具伤了宝宝手指。

能力训练重点

- **大运动能力：**爬；扶着站立，扶着栏杆迈步。
- **精细运动：**用拇指和食指熟练捏取小东西；将手指放进积木小孔中；从抽屉或盒内取出玩具。
- **认知能力：**懂得“不”的意思，能理解带手势的简单命令；认识几件常见物品，听到物品名会转头去找。
- **语言能力：**模仿发“妈妈”“爸爸”等语音；用手势表示“欢迎”“再见”。

拉起、蹲下，让宝宝站得稳

大人站在宝宝的对面，握住他的双手，拉起宝宝使其站立，再放下宝宝让其蹲下，来回运动，边做边说“起立”“蹲下”。

用手指一指，认一认

抱着宝宝，指着家中常见的物品如开关、灯、冰箱等，告诉宝宝“这是开关”“这是灯”“开关一按灯就会亮”，等宝宝看到相应的物品后，再反复对宝宝说这一物品的名字，然后问宝宝：“灯在哪里？”让宝宝学着用手去指认这些物品。

刚开始指认的时候，宝宝可能会指错，这时家长要耐心地帮助宝宝指认。经过一段时间的训练后，宝宝就能正确地指出常见的物品。指认的时候，一次最好只让宝宝认一种物品，避免宝宝混淆。

9 ~ 10 个月宝宝异常情况处理

宝宝大哭憋气

有些宝宝在生气、害怕、疼痛时会大哭起来，但有时会出现哭声突然中断、呼吸停止、面色青紫的表现，严重的还会出现意识丧失、抽搐，一般持续几秒钟至 1 分钟即可恢复，这种现象叫“屏气发作”，是发生在婴幼儿时期的一种神经官能症，不需要特殊治疗，随着宝宝年龄不断增大会自然消失。对有大哭憋气的宝宝，家长可适当“娇惯”一些，尽量使宝宝少发脾气，缓和他的暴躁情绪，以减少或避免憋气发作。

突然夜啼

平时睡觉很乖的宝宝，突然夜里哭闹起来。如果哭得不厉害，哄一下就好了。如果宝宝哭了一会儿，不哭了，过一会儿又开始哭，并且哭得比上一次还要厉害，反复几次，父母一定要考虑宝宝是否不舒服，并及时送医。

把喂到嘴里的饭菜吐出来

以前喂宝宝吃辅食的时候，可能喂什么宝宝就吃什么，现在宝宝的个性越来越强了，会对食物做出选择了。如果是宝宝不喜欢的饭菜，或者宝宝已经吃饱了，就会拒绝。这时候父母不要强迫宝宝进食。

改善宝宝晕车症状

宝宝晕车跟平衡器官发育和反应程度有关，饱腹、身体不适、车内空气不流通都可能加重反应。对婴儿来说随着发育成熟，晕车的反应大多可以改善，一般不主张使用药物控制症状。父母可以适当开窗、控制车速、减少行驶距离等给宝宝一个逐渐适应的过程。

11～12个月

11~12个月宝宝的生长特点

项目 \ 性别	11个月宝宝的情况		12个月宝宝的情况	
	男宝宝	女宝宝	男宝宝	女宝宝
体重适宜范围（千克）	8.8~11.0	8.3~10.2	9.0~11.2	8.5~10.5
身长适宜范围（厘米）	72.7 ~ 78.0	71.1 ~ 76.4	73.8 ~ 79.3	72.3 ~ 77.7

11个月宝宝 抱奶瓶自食；扶椅或推车能走几步，拇、食指对指拿食物

12个月宝宝 对人和食物有喜憎之分；穿衣能配合；用杯喝水

11～12个月 焦虑关键词：断不断奶

“母乳无限好，只是断奶难”

宝宝快1岁了，白天都不怎么爱吃奶了，只有妈妈下班回来后才懒洋洋地吃上几口。妈妈也没多少奶水了，现在应不应该断奶？老一辈说，断奶一定要下狠心，母子分离，宝宝没法吃奶，就可以强行断掉。而妈妈则很纠结，宝宝一夜之间失去了奶水，又找不到妈妈，会多么痛苦、恐惧和不安。

解决焦虑：从以母乳为主变母乳为辅

让宝宝自然离乳，采用循序渐进减少母乳的方式，对宝宝造成的心理创伤是最小的。如今提倡纯母乳喂养到6个月，之后混合喂养到2岁最好。有的宝宝不长个的原因，是因为过度依赖母乳，导致不能合理膳食，辅食喂不进去，加上妈妈母乳质量不高，上班后不能按时、按需哺乳，这类情况就建议断奶。

培养宝宝进入一日三餐模式

宝宝每天进食的量

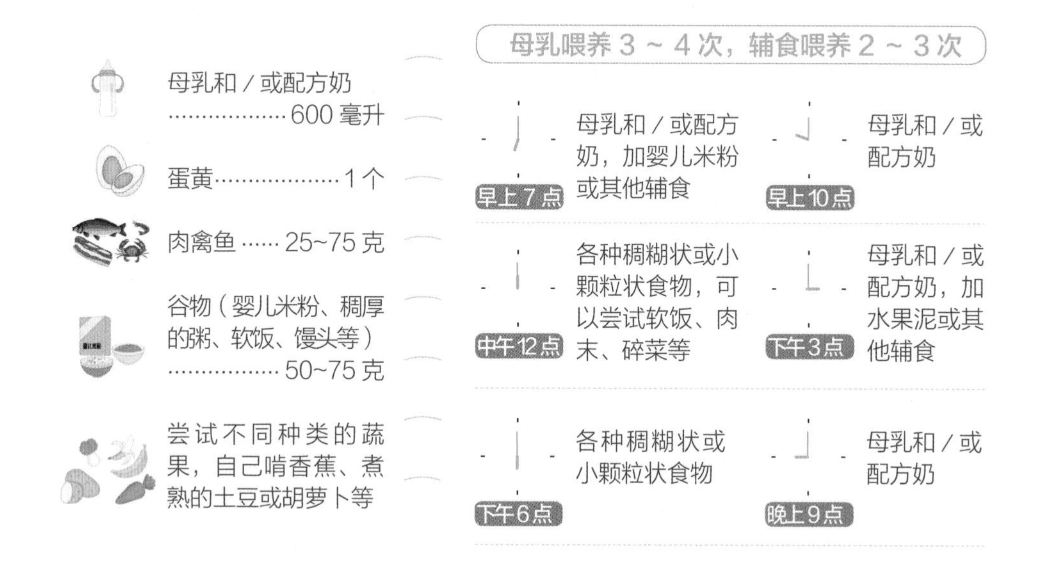

鼓励宝宝自己吃东西

宝宝的小手越来越灵活了，可以开始锻炼宝宝自己拿勺子吃饭。给宝宝准备一套专用餐具，爸爸妈妈先给宝宝示范怎样用勺子吃饭，让宝宝进行模仿。此时，宝宝还不会自如地使用勺子，也可能不会准确地把勺子放到嘴里，有的可能把勺子扔掉直接用手吃。不管是哪种情况，都要鼓励宝宝自己练习吃饭，慢慢培养宝宝独自进餐的好习惯。

三餐模式下的饮食结构

这个阶段的宝宝停止夜间喂养，一日三餐时间与大人大致相同，并在早餐至午餐、午餐至晚餐、临睡前各安排一次加餐。

宝宝的一日三餐应是各种不同的食谱，这能培养宝宝对食物和进食的兴趣，也能充分摄取所需的各种营养成分。在保证每天 400~600 毫升奶量的基础上，摄入足量的动物性食物、一定量的谷物类，引入不同种类的蔬菜、水果，增加宝宝对不同食物口味和质地的体会，减少将来挑食、偏食的风险。引入新的辅食时，仍应遵循辅食添加原则，循序渐进，密切关注是否有食物过敏现象。

注意在继续扩大食物种类的同时，增加食物的稠度和粗糙度（辅食比前期加稠、加粗，带有一定的小颗粒，并可尝试块状食物）。

宝宝辅食中固体食物应占 50%

宝宝到 1 岁左右时，辅食中固体食物要占到辅食的 50%，以锻炼宝宝的咀嚼能力，咀嚼能使牙龈结实，促进牙齿萌出，还能缓解出牙时的不适。

体质是寒是热？宝宝适合吃什么水果

根据宝宝体质选择水果

偏热体质

宜选择水果

凉性水果：
梨、香蕉、猕猴桃、西瓜等

不宜选择水果

橘子、榴莲、红枣等

虚寒体质

宜选择水果

温热水果：
樱桃、荔枝、桂圆、石榴、桃等

不宜选择水果

哈密瓜、西瓜、柚子、猕猴桃等

维生素 C 的补充，这样做才正确

权威解读 《中国居民膳食指南》关于怎么补维生素 C

0 ~ 12 个月每日补充维生素 C 的量：40 毫克

1 ~ 4 岁每日补充维生素 C 的量：40 ~ 50 毫克

维生素 C 缺乏时机体抵抗力减弱、易患疾病，表现在宝宝身上最多的是经常性感冒。维生素 C 还参与造血过程，缺乏时表现为出血倾向，如皮下出血、牙龈肿胀出血、鼻出血等，同时伤口不易愈合。因为维生素 C 不能在体内储存，所以宝宝每天都应摄入一定量的维生素 C，才能促进生长发育。

宝宝补充维生素 C 的方法

多吃新鲜蔬果

新鲜蔬果中含维生素 C 较多，如甜椒、圆白菜、菜花、荠菜、芥蓝、大白菜、白萝卜、藕、苦瓜、番茄、橙子、橘子、柚子、鲜枣、猕猴桃、草莓等。一般情况下，1 岁左右的宝宝正常饮食外，再进食半个猕猴桃（每百克含 62 毫克维生素 C），或一个小橘子（每百克含 28 毫克维生素 C），或 80 克的草莓（每百克含 47 毫克维生素 C），就可以基本满足正常所需了。

在医生指导下服用维生素 C 制剂

维生素 C 并没有直接抗流感病毒的作用，但可以提高机体抵抗力。对于复感儿，可在医生指导下适当补充维生素 C 制剂，但不建议长期使用。

生吃蔬果更能补充维生素 C

维生素 C 不耐热，在烧煮的过程中会被部分破坏掉，所以一般建议生吃蔬果来补充。如刚开始添加辅食时，直接将水果刮成泥喂给宝宝食（不经蒸煮），或直接榨成蔬果汁给宝宝喝。

11 ~ 12 个月宝宝营养餐

肉末油菜粥 补铁、明目

材料 大米 30 克，肉末 20 克，油菜叶 40 克。

调料 葱末、姜末各 3 克。

做法

1. 油菜叶洗净，切碎；大米洗净。
2. 锅中倒入适量水煮开，放入大米，大火煮开，转小火熬煮成粥。
3. 另起锅，放油烧热，炒香葱末、姜末，下肉末炒散，放油菜末炒匀，起锅，倒入粥锅中稍煮即可。

功效 猪肉富含维生素 A、铁，对保护宝宝视力和维护造血功能有益。

海带黄瓜饭 预防便秘

材料 大米 40 克，海带 10 克，黄瓜 20 克。

做法

1. 海带用水浸泡 10 分钟后捞出，切成小碎块。
2. 黄瓜去皮后切成小丁。
3. 把泡好的大米和适量水倒入锅里，将米煮成烂饭，然后放入海带和黄瓜丁，用小火蒸熟即可。

功效 海带中含有大量的不饱和脂肪酸和膳食纤维，可以调理宝宝的肠胃，预防宝宝便秘。

冬瓜球肉丸 增进食欲

材料 冬瓜 50 克，肉末 20 克，香菇 10 克。

调料 姜末适量。

做法

1. 冬瓜去皮、去瓤，冬瓜肉剜成球；香菇洗净，切成碎。
2. 将香菇碎、肉末、姜末混合并搅拌成肉馅，然后揉成小肉丸。
3. 将冬瓜球和肉丸码在盘子中，上锅蒸熟即可。

功效 冬瓜能清热利尿，适合宝宝夏季食用；猪肉和香菇能增进食欲。

宝宝日常照料及能力训练

带宝宝晒太阳，怎么晒才最好

在天气晴朗的日子里，很多妈妈喜欢推着小推车带宝宝到户外晒太阳。不过，对婴幼儿来说，晒太阳是很有讲究的。

晒太阳的最佳时间

时间最好以上午 9 ~ 10 时为宜，此时红外线强，紫外线偏弱，可以促进新陈代谢；下午 4 ~ 5 时紫外线 X 光束成分多，可以促进肠道对钙、磷的吸收，增强体质。而上午 10 时至下午 4 时紫外线最强，会伤害宝宝的皮肤。一般，每次带宝宝到户外晒太阳的时间不宜超过半小时。

晒太阳要适当减衣物

冬春季节在保暖的前提下，应尽量曝露皮肤；夏秋季节应少穿衣，不可过分遮挡紫外线。在晒太阳过程中，很多妈妈怕宝宝受凉，给宝宝包裹得很厚，也不科学。宝宝晒太阳时应该在保证暖和的前提下，让宝宝的头、手、脚以及能露的地方尽量露出，最好把他的头和眼睛用太阳帽遮起来，不要让刺激的阳光直接照射眼睛。

晒完太阳后及时添衣

晒完太阳后，及时为宝宝添加衣物。因为在阳光下毛孔是打开的，回到阴冷的室内容易吸收潮气受凉，导致感冒。

别让宝宝隔着玻璃晒太阳

有的家长怕宝宝吹风，就在家隔着玻璃晒。这样大部分的紫外线基本都会被玻璃阻挡，起不到促进钙吸收的作用。

晒太阳后要注意
给宝宝适当补水。

培养宝宝定时排便的意识

培养良好的排便习惯，注意观察宝宝大小便前的征兆，发现征兆应立即让宝宝坐盆，并用“嘘嘘—”或“嗯嗯—”的声音，促使宝宝排便。

最好坚持每天在固定时间排便，这样宝宝就能逐渐形成条件反射，一到时间就会大便了。

宝宝睡前良好习惯的养成

在宝宝睡前半小时，父母可以带宝宝进行一连串睡前仪式，如：洗澡（或洗脸、洗手）、喝奶、喝些白开水漱口（宝宝稍大后可协助其刷牙）、换睡衣、讲睡前故事、听音乐、道晚安等，通过规律的睡前仪式，让宝宝形成“做完这些事就要睡觉”的意识，帮助宝宝养成自主入睡的习惯。

怎么避免宝宝体内铅含量超标

宝宝越来越大，越来越活跃，如果大人常推着宝宝去汽车多的路边，加上接触书、蜡笔、彩色玩具等机会增多，如果洗手不及时、不彻底，有可能导致宝宝的血铅水平超标。

因此，妈妈要注意给宝宝勤洗手，少去马路两旁玩耍；妈妈也要少染发，不给宝宝吃爆米花等含铅食品；多喝奶，吃一些鸡蛋、小虾皮、深海鱼、海带、豆制品，增加蛋白质、钙、铁、锌的摄入，以抑制肠道对铅的吸收。富含维生素 C 的食物对预防铅中毒也有很好的效果，可适当喂食猕猴桃、柑橘、草莓等。

适合 11 ~ 12 个月宝宝的玩具

宝宝满 10 个月后，手指就能相当灵活地抓东西了。尽管还不能搭积木，但已经能用双手拿着物体互相敲打，或者把积木摆起来玩。与其让宝宝在屋里一个人玩玩具，倒不如带他到户外玩玩。在草坪上和爸爸玩，只要有一个橡皮球就足够了。

也可以让宝宝涂鸦，给他一些纸和彩笔。还可以让宝宝追着上了发条就能跑的汽车玩具，以练习走路。宝宝喜欢看画册，可以给宝宝准备不同的画册，但以无复杂背景的为好。

育儿专家提醒

逗宝宝开心，别捏鼻子

不管是想逗宝宝笑，还是想把他扁扁的鼻子“捏成高鼻梁”，都别老用手捏宝宝的鼻子。因为幼儿的鼻腔黏膜娇嫩、血管丰富，常捏很有可能会损伤黏膜和血管，导致鼻腔的防御屏障能力下降，增加被细菌、病毒侵犯的风险。

能力训练重点

- **大运动能力：**独站、扶走。
- **精细运动：**扶物蹲下捡拾地上的玩具；从杯子中取物，并将东西放入杯中；把书打开、合上。
- **认知能力：**指认身体几个部位，如鼻子、嘴巴、眼睛等；模仿成人动作，如推玩具小车向前。
- **语言能力：**能理解成人肯定或否定的语言，并以动作、表情予以回应，如听到“不许拿”时会把手中的东西放下；有意识地叫爸妈。

学习用杯子喝水

宝宝10个月左右能自己双手抱住奶瓶喝奶；12个月左右能自己用杯子喝水。父母可以买一个带吸管的杯子，让宝宝学着用吸管喝水。

开始时杯中可少放些水，教宝宝自己端着往嘴里送，父母可适当给予帮助，以后逐渐由宝宝自己来完成。这样对保护牙齿、促进口腔功能发育很有帮助。否则奶瓶不离嘴，宝宝易得奶瓶龋，有的乳牙由于患奶瓶龋甚至刚长出来就烂掉了。

慢慢学着用勺吃饭

一般宝宝12个月左右就能自己用手抓东西吃，他的动作发育和手眼协调能力更好了，可以开始练习在别人的帮助下用勺吃饭了。

开始练习时先给宝宝准备一些玩具餐具，与宝宝一起玩假装吃饭的游戏。然后再给宝宝准备不怕摔的碗和勺，试着在宝宝的碗中放少量食物，让宝宝学着用勺吃饭。经过一段时间的练习，宝宝慢慢地就可以独立用勺吃饭了。

学小鸡小鸭小猫叫

选几张常见的动物图片，教宝宝认识，然后告诉他不同动物的叫声，如小狗“汪汪”叫、小猫“喵喵”叫，小鸭“嘎嘎”叫等。每次拿出动物图片或看到相应的动物时，让宝宝模仿动物的叫声。多次重复后，在不看图片或实物时，也可问宝宝各种动物的叫声。

11 ~ 12 个月宝宝异常情况处理

还没出牙

宝宝的乳牙一般会在出生后 4 ~ 10 个月里开始陆续萌出，一般在 1 岁以内萌出都属正常。

宝宝出牙晚，可能是缺钙、长期生病 (如肺炎、腹泻等) 造成的，也可能是由一些内分泌疾病引起。如甲状腺功能低下的宝宝，代谢慢，易发生便秘，不爱进食，出牙会较慢。此时要到医院检查，如果宝宝缺钙，应遵医嘱服用钙剂，千万不能不检查就给宝宝乱补钙或其他制剂。另外，添加辅食过晚的宝宝也容易造成出牙较晚较慢。

即使 1 岁时才出第一颗牙的宝宝，只要没有其他健康问题，注意合理、及时地添加辅食，多晒太阳，就能保证今后牙正常萌出。但一岁半才出牙，就要到医院查找原因了，如是否患有佝偻病、是否伴有其他异常情况等。

先天性髋关节脱位

刚学走路的宝宝，由于身体控制平衡的能力欠佳，上下肢的力量也不够强，因此走起路来常呈现内八字或外八字步态，随着年龄的增长和经常锻炼，平衡能力会逐渐增强，慢慢就会走好了，不需要特殊处理。但是，如果发现宝宝走起路来一瘸一拐的，或是鸭步态，就需要引起注意，要及时去医院检查，以排除先天性髋关节脱位等异常情况。

睡觉打呼噜

一般宝宝睡觉不会打呼噜，如果宝宝睡着后打呼噜，可能是腺样体或扁桃体肥大，在睡眠时堵塞了鼻咽部，严重的还表现为张口呼吸。这些宝宝容易出现反复呼吸道感染。如果长期慢性缺氧，会影响宝宝的生长发育。因此，大多数宝宝睡觉打呼噜是病态的表现，应及早去医院检查和治疗。但也不排除睡觉姿势不正确，或枕头高低、软硬不当导致打呼噜。

1~2岁

1~2 岁宝宝的生长特点

项目 \ 性别	13 ~ 18 个月宝宝的情况		19 ~ 24 个月宝宝的情况	
	男宝宝	女宝宝	男宝宝	女宝宝
体重适宜范围（千克）	9.2~12.6	8.6~11.9	10.3~14.0	9.8~13.3
身长适宜范围（厘米）	74.9~85.8	73.5~84.6	80.7~92.1	79.8~90.7

15 个月宝宝 能表示同意、不同意

18 个月宝宝 会表示大小便，懂命令；会自己进食

1～2岁 焦虑关键词：配方奶继续喝吗

“不喝配方奶，营养能否跟得上”

经常在育儿书籍上看到说牛奶是宝宝获取钙质的主要来源，并含有多种维生素，宝宝1岁后就可以喝牛奶了。宝宝喝牛奶后，有没有必要继续喝配方奶呢？不喝配方奶，宝宝会不会缺营养呢？

解决焦虑：继续配方奶至 3 岁

1 岁后，如有条件可继续喝配方奶至 3 岁，配方奶更适合婴幼儿。如宝宝生长发育好，不喜欢喝配方奶，也可选择部分全脂牛奶搭配部分配方奶。

对食物越来越感兴趣，饮食要多样化

宝宝每天进食的量

奶类···400 ~ 600 克

鸡蛋··················1 个

肉禽鱼 ··· 50 ~ 75 克

谷物类（软饭、面条、馒头、婴儿米粉等）
·············50 ~ 100 克

水果（切片食用）
·············50 ~ 150 克

蔬菜······50 ~ 150 克

油·············5 ~ 15 克

与家人一起进食一日三餐

早上 7 点	母乳和 / 或配方奶，加婴儿米粉或其他辅食，尝试家庭早餐
早上 10 点	母乳和 / 或配方奶，加水果或其他点心
中午 12 点	各种辅食，鼓励宝宝尝试成人的饭菜，鼓励自己进食
下午 3 点	母乳和 / 或配方奶，加水果或其他点心
下午 6 点	各种辅食，鼓励宝宝尝试成人的饭菜，鼓励自己进食
晚上 9 点	母乳和 / 或配方奶

如何实现宝宝的多样化辅食

宝宝饮食应坚持合理、平衡的膳食原则，保证粮食、蔬菜、蛋肉、奶制品、豆制品和水果供应，每天摄入 15 ~ 20 种食物。根据宝宝的年龄和身体情况，食物进行合理搭配，才是科学喂养宝宝的基本原则。

粮食、蔬菜、豆类、肉类，这 4 种食物要随着宝宝的长大而逐步增加，而水果、蛋类、油类和糖类却不是随着年龄增大而增加的。随着宝宝的年龄增长奶类应减量（但仍应保证每日 400 毫升左右），这样才能全面促进宝宝的健康成长。

宝宝补钙，应以食补为主

权威解读》《中国居民膳食指南》关于补钙

1 ~ 4 岁每日摄入钙的量：600 ~ 800 毫克

钙有助于骨骼和牙齿健康，对于发育期的宝宝尤其重要。学龄前儿童缺钙的表现是：不易入睡、入睡后爱啼哭、易惊醒、夜间多汗、出牙晚等。

宝宝补钙的方法

母乳喂养： 100 毫升母乳约含 35 毫克钙，吸收率较高。

配方奶喂养： 100 毫升含 50 毫克钙，吸收率不如母乳高。

调整饮食： 1 ～ 2 岁宝宝，可以将鲜牛奶、酸奶、奶酪等作为食物多样化的一部分而逐渐尝试，但建议少量进食为宜，不能以此完全替代母乳或配方奶。1 岁后的宝宝首选全脂牛奶，因为脂肪对大脑成长发育很关键。如果宝宝不爱喝牛奶，可用酸奶或奶酪来替代。

1 ~ 3 岁宝宝所需钙量 = 母乳和 / 或配方奶 500 毫升 + 牛奶 100 毫升 + 豆腐 30 克 + 绿叶蔬菜 200 克

简单计算宝宝一天吸收了多少钙

举个例子：一个一岁半的宝宝，一天需要 600 毫克的钙，其一天的钙来源主要包括：母乳 100 毫升（约含 35 毫克钙）、配方奶 500 毫升（约含 250 毫克钙）、牛奶 250 毫升（约含 260 毫克钙）、豆腐 30 克（约含 49 毫克钙）、小黄鱼 30 克（约含 23 毫克钙）、小油菜 100 克（约含 153 毫克钙）。

通过粗略计算，宝宝摄入的总钙量为 770 毫克。然而，补钙要从钙的摄入量、吸收率和沉积率三方面来衡量。在宝宝消化吸收功能正常的前提下，一天晒 30 分钟的太阳，钙的吸收率会增加到 70%，可算出一天大约吸收了 539 毫克（770 × 70%）的钙。这个宝宝还缺 61 毫克（600 － 539）的钙，再补充约 84 毫升（61 ÷ 104% ÷ 70%）的牛奶就行了。

富含膳食纤维的食物不要忽视了

宝宝补膳食纤维的方法

1. 以一碗富含膳食纤维的谷物粥作为一天的开始。可在谷物中加入新鲜水果以增加甜味，提高宝宝的食欲。

2. 随着宝宝咀嚼功能的提高，1 岁后尽量少用蔬果汁代替吃蔬果。因为新鲜蔬果富含膳食纤维，而蔬果汁含量很低。

3. 在汤、炖菜、沙拉、蛋炒饭等中加些豆类，提高膳食纤维含量。

4. 让宝宝爱上蔬菜。如果宝宝不爱吃芹菜，可淋些花生酱或是撒些葡萄干，可能宝宝就爱吃了。

育儿专家提醒

1 岁左右，可吃蔬菜饭：准备西芹 50 克、泡发木耳 10 克、米饭 75 克、鸡肉或鱼肉（去刺）15 克。将西芹、木耳、肉切碎，和米饭一起蒸。

2 岁以上，可吃五香煮芸豆：准备各色芸豆，五香料，盐。将芸豆洗净，加五香料、盐、水与芸豆共煮。

谨慎选择膳食纤维补充剂

如果宝宝没有出现严重便秘等情况，仅从食物中就可以补充足够的膳食纤维，不需要额外添加膳食纤维补充剂。

膳食纤维主要来源于植物性食物，如粮谷类的麸皮，红豆、绿豆、黑豆、芸豆、豌豆等豆类，柑橘、苹果、鲜枣、猕猴桃、紫葡萄等水果，圆白菜、牛蒡、胡萝卜、菠菜、芹菜等蔬菜中都富含膳食纤维。

延伸阅读

美国儿科学会建议怎么补充膳食纤维

6 月龄后每日补充膳食纤维的量为 0.5 克。

美国对于 2 岁以上幼儿，推荐每天膳食纤维摄入量为其年龄加 5 克。例如：一个 4 岁的宝宝，每天宜摄入 9 克膳食纤维（4+5）。

1～2岁宝宝营养餐

肉末炒双丁 改善贫血

材料 猪瘦肉、胡萝卜、黄瓜各25克。

调料 葱末、姜末各3克，酱油5克。

做法

1. 猪瘦肉洗净，切碎，放葱末、姜末、酱油拌匀；胡萝卜、黄瓜洗净，切丁。
2. 锅内倒油烧热，放入猪瘦肉碎煸炒片刻，放入胡萝卜丁，炒1分钟，再放入黄瓜丁稍炒即可。

功效 猪肉含有铁、优质蛋白质，有助于改善宝宝缺铁性贫血。

爱心饭卷 辅治贫血、增强记忆

材料 米饭、干紫菜各50克，火腿、黄瓜各40克，鳗鱼30克。

调料 盐适量。

做法

1. 火腿和黄瓜分别切成小条，烫熟后用盐、油拌入味；鳗鱼切片后调味。
2. 保鲜膜平铺开，均匀地铺上一层米饭，压紧，再铺上一层紫菜，摆上火腿、黄瓜、鳗鱼，将保鲜膜慢慢卷起，卷的时候要捏紧。
3. 用保鲜膜包住后冷冻，食用前取出切块加热即可。

胡萝卜炒饭 促进宝宝生长

材料 胡萝卜30克，干香菇10克，米饭80克。

调料 酱油、白糖各5克，葱花、姜片各3克。

做法

1. 胡萝卜洗净，切丁；干香菇用温水泡发，切丁。
2. 把酱油、白糖、葱花、姜片放入小汤锅中混合均匀，加热烧开收汁，制成甜酱油，离火过滤待用。
3. 油锅烧热，加入香菇丁、胡萝卜丁翻炒片刻，倒入米饭拌匀，调入甜酱油拌匀即可。

宝宝日常照料及能力训练

1 岁赶紧教宝宝正确漱口、刷牙

1 岁时，多数宝宝已有 6 ~ 8 颗乳牙，一般情况下，1 岁左右就可以学着漱口了。

一步一步给宝宝演示

父母要一步一步给宝宝演示，先将漱口水含在嘴里，然后将后牙咬紧，一下一下鼓动腮帮子，让水从牙缝通过，就能达到漱口的目的了。

开始时，用温开水练习，就算宝宝不小心把水咽下去，也不会有什么危害。每天多练习几次，慢慢就能掌握要领了。

育儿专家提醒

护牙从小做起

宝宝 1 岁后，可计划带宝宝看牙医。定期牙科检查对维护宝宝的口腔卫生非常关键，家长应认真听取牙医给出的护牙建议。

每次吃饭后都学着漱漱口

不管宝宝能不能做好，都可以让他在每次吃完东西后学着漱漱口，这样做有助于预防婴幼儿龋齿的发生。

护好宝宝足弓从选对鞋开始

2 ~ 14 岁

儿童足部骨骼生长的成型时期。“穿错鞋”对宝宝脚部会造成损伤，常见的有足弓问题和内外翻。家长给宝宝选鞋应根据每个年龄段宝宝脚部发育的差异来选择。

1 ~ 3 岁

宝宝开始学习站立、行走、小跑，这个阶段是足弓形成的关键时期，应选择鞋底轻薄柔软，能够大幅度曲折，鞋头有一定翘度，避免走路磕绊的鞋子。这个年龄段，尽量选择过脚踝的高帮鞋子，襻带不用系太紧，鞋也不易脱落、遗失。

3 岁以上

最好选择鞋底具有一定的厚度和硬度，鞋底前掌部位容易弯折、鞋底有足够的耐磨性能和防滑性能、襻带拉力足够的鞋。

训练宝宝自己坐马桶如厕

1 岁后，可以试着训练宝宝自己坐马桶如厕，让宝宝把去厕所如厕变成日常行为。

对宝宝的如厕训练，家长不必太着急。从生理上来说，宝宝不到 3 岁，白天的大小便不能完全自己控制；不到 5 岁，晚上的大小便也不会完全控制。父母应耐心训练，不能操之过急。

刚开始训练宝宝自己排便时，难免会有尿裤子的情况，家长千万不要责怪宝宝，要轻声细语地告诉他没关系，下次想大小便时，及时告诉爸爸妈妈。另外，一定要保证马桶干净，卫生间空气清新，让宝宝不排斥厕所。在冬天，要记得给马桶圈套上座套，不要冰到宝宝的屁股。

宝宝坐车要配备安全座椅

如今，私家车越来越普及，在为爱车配置各种装备的时候，有一样东西是必须给宝宝配备的——安全座椅。

抱着宝宝乘车，无论是坐在前排还是后排，对宝宝来说都是非常危险的。如果前排有安全气囊，安全气囊被点爆时，大人也正在做向前的惯性运动，这两者之间碰撞的相对速度会非常大，宝宝被夹在大人和气囊之间会受到严重伤害。如果抱着宝宝坐在后排，宝宝很有可能撞在靠背上，由于宝宝身材矮小，头部和胸部会直接撞在座椅上。所以，最安全的做法是给宝宝准备儿童安全座椅。

给 1 ~ 2 岁宝宝创造游玩的场所

1 ~ 1.5 岁的宝宝都喜欢能用全身力量玩的玩具，因为宝宝想提高运动能力，他们喜欢玩秋千、滑梯、推车、皮球等。为了提高宝宝的想象力，可以给宝宝积木让他摆各种东西，也可以给他纸、蜡笔、水彩笔，让宝宝随意涂鸦。

宝宝过了一岁半，走路也快了，手也灵巧起来。但认为他超过了一岁半，就必须买些特别的玩具则是没必要的。可用现有的玩具让宝宝自由发挥各种玩法。此时需要一个大一些的空间，重要的是给宝宝创造一个游玩的场所。

能力训练重点

- **大运动能力：**走路；蹲着玩；爬台阶；双脚跳。
- **精细运动：**叠积木；有目标地扔皮球；用勺子吃饭。
- **认知能力：**能表示同意、不同意；懂命令；会表示大小便。
- **语言能力：**15 个月时能说出几个词和自己的名字；2 岁会说 2 ～ 3 个字构成的句子。

留尾巴，调动宝宝认真“听”

不会讲话的宝宝听了一肚子的故事或儿歌，妈妈一定要“考一考”宝宝。妈妈在念儿歌时，念到最后一个字时，将说话的速度放缓，等待宝宝参与。有些刚冒话的宝宝发音不清晰，妈妈要面带微笑，语调兴奋地肯定宝宝，调动宝宝认真“听”和参与的积极性。

在和宝宝互动时，妈妈要去掉功利心，不盼望宝宝记住什么，宝宝有听的意识就好。

让宝宝随意乱涂乱画

涂鸦，是宝宝年幼时画画的一种表现形式，随着宝宝的成长，它也有其不同的特征。比如第一阶段主要是随意的乱涂乱画（1.5 ～ 2.5 岁），敲敲点点、画出一些歪歪扭扭的线条；第二阶段是受控制涂鸦（2.5 ～ 3 岁），尝试画出圆圈。一般一岁半左右，宝宝开始对涂鸦产生兴趣。

涂鸦准备

1. 在桌子上放上一些纸和笔，让宝宝用笔在纸上自由地涂鸦。

2. 开始的时候纸张可以大些，以后可以逐渐变小。

3. 也可以为宝宝准备一个画架，告诉宝宝想画画的时候就去画架上画。

为了防止宝宝将家里的任何地方都当成画板，妈妈要为宝宝涂鸦做好充分的准备，除了画板，可准备一面专门用来让宝宝涂鸦的墙壁，以满足宝宝涂鸦的需要。

2~3岁

2~3岁宝宝的生长特点

项目＼性别	25～30个月宝宝的情况		30～36个月宝宝的情况	
	男宝宝	女宝宝	男宝宝	女宝宝
体重适宜范围（千克）	11.4~15.2	10.9~14.6	12.2~16.4	11.7~15.8
身长适宜范围（厘米）	82.4~97.1	84.6~95.9	89.6~101.4	88.4~100.1

2岁宝宝 能完成简单的动作，如拾起地上的物品；能表达喜、怒、怕、懂

3岁宝宝 能认识画上的东西，认识男、女；自称“我”；表现自尊心、同情心、害羞

2~3岁 焦虑关键词：挑食、偏食

“喜欢吃的猛吃，不喜欢的抿嘴不吃”

不少妈妈会发现自己的宝宝或多或少会有挑食、偏食的习惯。很多宝宝面对喜欢的食物，吃起来特别香、吃得毫无节制，对于不喜欢的食物则是坚决不碰，家人哄半天也只勉强吃下一两口。

解决焦虑：做饭花心思，不强迫进食

宝宝对食物可能表现出不同的喜好，出现一时性偏食和挑食。父母应以身作则、言传身教，与宝宝一起进食，起到良好的榜样作用。对于宝宝不喜欢吃的食物，可通过变更烹饪方法（如将蔬菜切碎，将瘦肉剁碎，将多种食物制成包子或饺子等）的做法让他爱上吃饭。也可采用重复小分量供应，鼓励尝试并及时给予表扬，但不可强迫进食。另外，父母还应避免用食物作为奖励或惩罚的手段。

可以自己独立进餐了

宝宝每天进食的量

奶类…350 ~ 500 克

谷类……75 ~ 125 克

鸡蛋……………50 克

肉禽鱼 … 50 ~ 75 克

水果…100 ~ 200 克

蔬菜… 100 ~ 200 克

大豆
……………5 ~ 15 克
（相当于豆浆 42 ~ 125 毫升，北豆腐 15 ~ 45 克）

油………10 ~ 20 克

盐…………… ＜ 2 克

宝宝可与大人吃相似的食物

3 岁的宝宝可以跟大人吃相似的食物，比如可以跟大人一样吃米饭，而不必再吃软饭，但是要避开质韧的食物。一般食物也要切成适当大小并煮熟，但不要切得太碎，否则宝宝会不经过咀嚼直接吞咽。宝宝满 3 岁后，牙齿咀嚼的能力提高，可以食用稍微硬点的食物。有过敏症状的宝宝，还要特别注意慎食一些容易引起过敏的食物。

大人饭菜、宝宝辅食一锅出的要点

给宝宝制作辅食是个费力费心的活，如果学会在做大人饭菜时能“一拖二”地完成宝宝餐，也是一个非常好的选择。

大人饭菜和宝宝辅食一锅出的基础是做好准备之后的最后调味环节。要想“一锅出”，在做饭时先不要按常法加过多调味品，应该在菜基本熟透、出锅前适当调味。但添加调料前，应将出锅前未调味的菜肴盛出给宝宝准备的量，稍稍调味拌匀，而大人的菜再正常调味即可。切记避免让宝宝吃不合口味或口味太重的辅食。

宝宝吃鱼有讲究，爸妈知多少

富含 DHA、EPA、蛋白质、维生素 D、钙、磷、硒等。

清蒸鱼营养损失少，原汁原味对宝宝的味觉发育有利。

一般每周1～2次，每次50～100克。如果宝宝特别喜欢吃某种鱼，可以稍微多吃一点，但不可替代主食的位置。

一些无肌间刺（俗称刺少）的鱼类比较适合宝宝食用，比如大黄鱼、三文鱼、鲳鱼、带鱼等。从生物链重金属富集来看，最好是选择小个头的鱼类，鱼的个头越大，生长期越长，体内所积累的污染元素越多。因此，可以选择三文鱼、鳕鱼等给宝宝蒸着吃。

“鱼脸肉”（位于鱼鳃边上的那两块嫩鱼肉）很适合宝宝吃，这个地方肉质细嫩、无刺，污染也不大。相对而言，鱼头污染较严重（动物的大脑组织新陈代谢缓慢，污染物不易排出），少给宝宝吃。另外，鱼子富含卵磷脂，但胆固醇含量很高，给宝宝吃时要注意量的把握。吃鱼子前最好碾压一下，使鱼子外面的膜破碎，这样有利于消化吸收。

爱动流汗的宝宝注意补钾

权威解读 《中国居民膳食指南》关于怎么补钾

2～4岁每日补充钾的量：900～1200毫克

宝宝会走会跑后多调皮好动，经常大汗淋漓，很多父母都非常注意给宝宝补充水分，却没意识到要及时补充一些矿物质，尤其是钾。细胞和器官的正常工作离不开钾，在宝宝运动时能给心脏和肌肉提供足够的动力。

宝宝尤其需要补钾的情况

宝宝在天热大量出汗或运动出汗后感到全身无力、疲乏、心跳减弱，这是因为身体排出大量汗水，同时体内的钾、钠（尤其是钾）等电解质也会随汗液排出体外，造成低钾血症。此时可以给宝宝喝一碗绿豆汤。在宝宝大量运动后，最简单的方法是给宝宝吃一根香蕉。

富含钾的食物

食物	含量	食物	含量
芸豆（红）	1215	菠菜	311
红豆	860	荠菜	280
豌豆	823	香蕉、苦瓜	256
绿豆	787	藕、空心菜	243
豇豆	737	鲜玉米	238
毛豆	478	杏	226
扁豆	439	油菜	210
土豆	342	西芹	154

注：每100克可食部含量，单位：毫克。

宝宝外出游玩，别忘了带上一两根香蕉，多项研究发现，宝宝肌肉疲乏无力，导致犯困可能与缺钾有关。

2～3岁宝宝营养餐

五彩饭团　健脑、保护视力

材料 米饭200克，鸡蛋1个，胡萝卜30克，海苔10克。

做法

1. 鸡蛋煮熟，取蛋黄切成末；海苔切末；胡萝卜洗净，去皮，切丝后焯熟，捞出后切细末。
2. 把米饭、蛋黄末、胡萝卜末、海苔末揉成球即可。

功效 鸡蛋富含卵磷脂，能促进宝宝智力发育；胡萝卜富含胡萝卜素，有助于宝宝视力发育。

鲜虾烧卖　促进大脑发育

材料 白菜150克，净虾仁30克，金针菇、香菇末、芹菜末、鸡肉末、藕末各20克。

调料 盐1克，姜末、葱末各3克，酱油5克。

做法

1. 虾仁洗净，挑去虾线，切末；白菜洗净，撕成片，焯烫后过凉。
2. 香菇末、鸡肉末、虾仁末、芹菜末、藕末加酱油、盐、葱末、姜末做成馅料，包在白菜叶里，插上金针菇，包好口，蒸熟即可。

素什锦炒饭　促进食欲

材料 米饭80克，鸡蛋1个，胡萝卜丁、香菇丁、青椒丁、洋葱丁各30克。

调料 盐2克。

做法

1. 胡萝卜丁放入沸水中焯烫，捞出，沥水；鸡蛋打散，搅拌成蛋液，放入热油锅中炒熟，盛出。
2. 锅留底油烧热，炒香洋葱丁，再下香菇丁煸炒，倒入米饭、青椒丁、胡萝卜丁和鸡蛋翻炒均匀，放盐调味即可。

功效 这道菜含有红、黄、白、黑、绿5种颜色，色泽诱人，营养也很丰富。

宝宝日常照料及能力训练

扫一扫，听音频

让宝宝爱上刷牙

宝宝 2 ～ 2.5 岁时乳牙应出齐，共为 20 颗，这个时候要让宝宝养成自己刷牙的习惯，让宝宝拥有一口好牙。

让宝宝模仿大人刷牙

2 ～ 3 岁的宝宝，最爱模仿大人的行为。家长可以在宝宝面前做出非常感兴趣的样子来刷牙，一边刷一边说“真舒服”……宝宝就会跟着家长有模有样地学刷牙了。

巴氏刷牙法，让牙齿更健康

巴氏刷牙法又称水平颤动法，能有效清洁宝宝牙龈沟的菌斑及食物残渣。

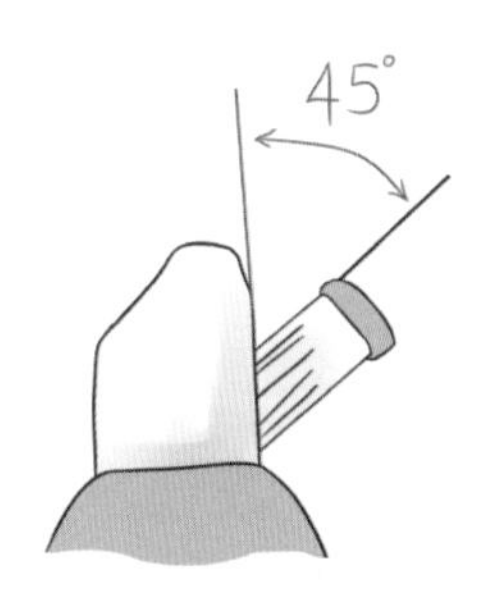

1. 刷毛与牙齿呈 45 度角。

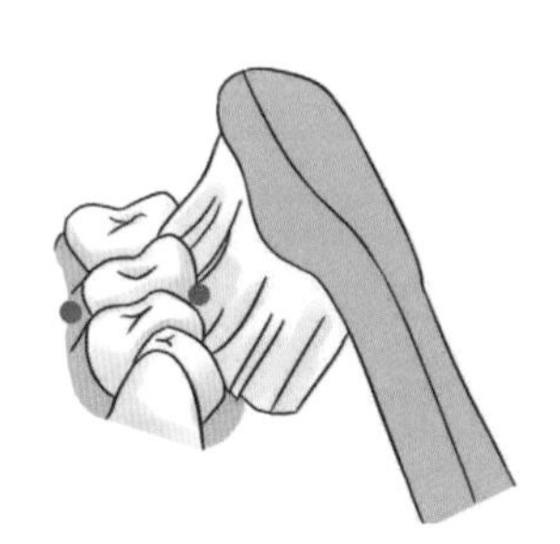

2. 将刷毛贴近牙龈，略施压使刷毛一部分进入牙龈沟，一部分进入牙间隙。

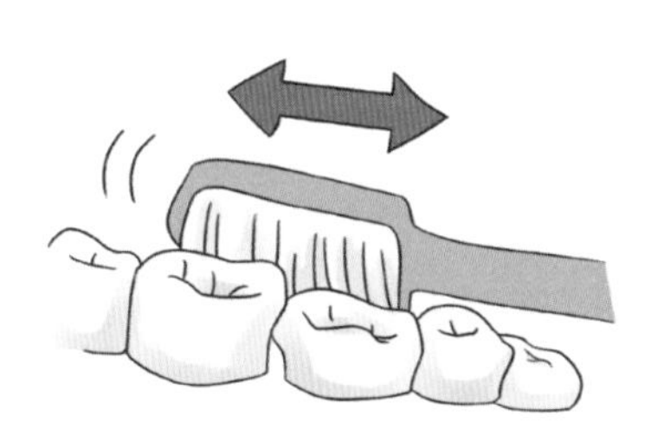

3. 水平颤动牙刷，在 1~2 颗牙齿的范围左右震颤 8~10 次。

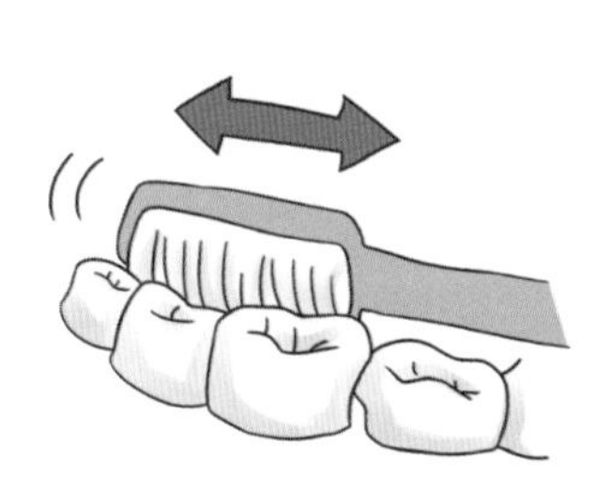

4. 刷完一组，将牙刷挪到下一组邻牙（2~3 颗牙的位置）重新放置。最好有 1~2 颗牙的位置有重叠。

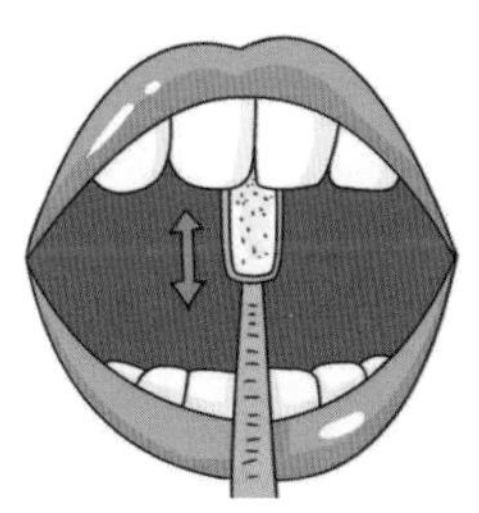

5. 将牙刷竖放，使刷毛垂直，接触龈缘或进入龈沟，做上下提拉颤动。

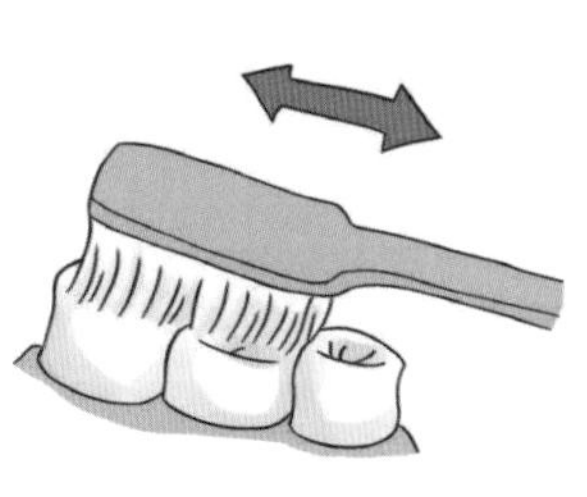

6. 将刷毛指向咬合面，稍用力做前后来回刷。

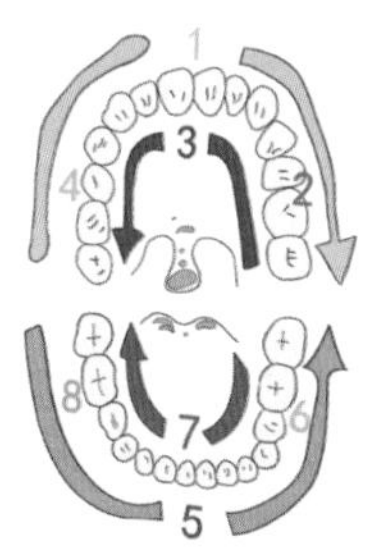

7. 刷牙有顺序，每处都刷到。

动画片里的视听安全

动画片是每个人童年的伙伴。有的动画片能让宝宝增长知识、学习做人道理，有的却可能阻碍宝宝心理发育，损害视觉和听觉。美国儿科学会指出，2 岁以下的幼儿最好别看动画片。

让宝宝在光线明亮的地方看电视，离电视机的距离一定要在 2 米以上，电视屏幕越大，观看距离应该越远。

宝宝连续观看动画片不要超过 15 分钟，每天看电视的时间要控制在 1 小时以内。

睡前最好不要让宝宝看动画片，以免影响睡眠。躺着看电视、吃饭时看电视等都要避免。

宝宝看电视时，家长可与他交流，分散注意力，使其不连续盯着屏幕。

音效别尖利刺耳

音效的类型对宝宝听力和身心发育影响也很大。比如一些机械的声音、打打杀杀的声音等非常刺耳，对宝宝听力有一定的影响，甚至会诱发宝宝产生狂躁情绪。

因此在给宝宝选择动画片时，声音也是一个很重要的参考因素。可以选择《狮子王》《天空之城》《泰山》《海底总动员》等画面精美，配音、音乐令人陶醉，充满亲情、赞扬善良的作品。

给 2 ~ 3 岁宝宝广阔的玩耍空间

这个年龄的宝宝喜欢靠发条（弹簧）运动或靠电池驱动的玩具。但是妈妈很快就发现，这些玩具只能给宝宝带来一时的兴趣，对只能 一个人玩的玩具，宝宝马上就腻了。

此时的宝宝更喜欢在户外玩。骑三轮车玩就是这个年龄段宝宝喜欢挑战的。刚开始，宝宝只能在家人帮助下骑或是自己推着车子走，到了 3 岁，才可以坐在上边自己蹬着踏板骑。玩沙子和水也是这个年龄宝宝的高兴事。

给宝宝创造一个玩耍的场所和空间，是说给他一个与小伙伴在一起玩的机会。正是因为有了小伙伴，玩才会变得更快乐。只要有伙伴，就是石板路也能变成玩具。

能力训练重点

- **大运动能力：**双脚跳；会跑；骑三轮车。
- **精细运动：**洗手、洗脸；脱穿简单衣服。
- **认知能力：**能认识画上的东西；识别男、女。
- **语言能力：**能说简短的句子；能说短歌谣；数几个数。

训练宝宝"听命令"

妈妈对宝宝发出由简单到复杂的指令：到爸爸身边来。

再增加内容：到爸爸身边来，把苹果给奶奶送去。

如果宝宝按指令做事情的能力增强，可以继续增加难度：到爸爸身边来，把苹果给奶奶送去，说："奶奶请吃苹果！"

分辨前后，培养空间方位感

两岁半左右，是宝宝空间方向进步最快的阶段，他会使用许多新的空间词汇，精准度也比以前高，如：后面、上面、楼下、外面、那里。只要在日常生活中抓住训练的时机，给宝宝探索的机会，就能让他形成一定的空间意识。

前后都是谁

1. 爸爸妈妈（或者其他亲友）和宝宝一起玩游戏。妈妈站在最前面，宝宝站在中间，爸爸站在最后面。

2. 妈妈问："宝宝，你的前面是谁？"引导宝宝回答"是妈妈"。爸爸再问宝宝："你的后面是谁？"引导宝宝回答"是爸爸"。

3. 爸爸和妈妈换一下位置，再问宝宝，看宝宝能否正确回答。

宝宝哭闹该怎么办？怎么搞定爱哭宝宝

《爸爸去哪儿》等亲子节目曾经很火，大家在津津乐道地点评各位爸爸表现的同时，也会总结出许多育儿心得，发现许多共同的育儿难题。比如，田亮的女儿有“爱哭萝莉”之称，曾经一度哭得现场失控，让这位跳水王子一筹莫展。家有爱哭宝宝，怎样才能轻松搞定？

首先，不管宝宝是出于什么原因哭泣，都要给予同情、理解和拥抱。据研究，眼泪能刺激一种特殊的激素分泌，使人产生被抚摸和拥抱的愿望。心理学家建议，当宝宝哭闹时，15 分钟之内都不要打断，而要慢慢地靠近他，轻轻地搂住他，让他能够看到你的眼睛。宝宝一旦感受到父母的爱和理解，有了安全感，才会大胆地表达和宣泄自己的情绪，这是积聚的负面情绪逐渐消除的自然过程。然后，就要根据宝宝的具体情况区别对待。

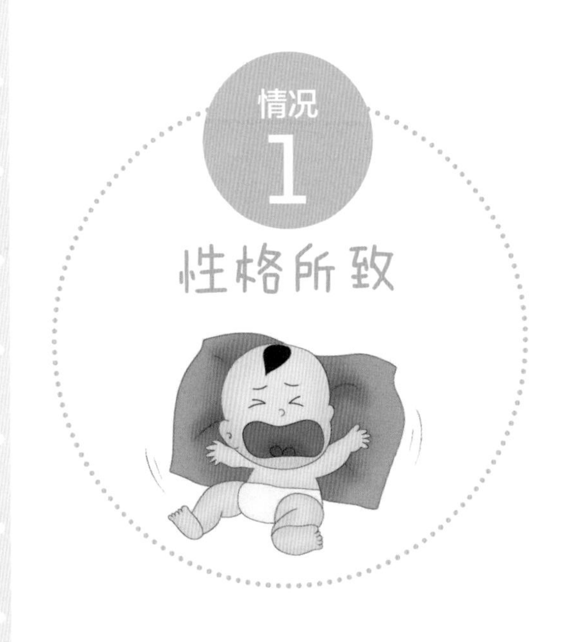

脆弱爱哭很大的因素来源于人的先天气质，改变不是一朝一夕的事，家长对此要有充分的思想准备。首先要对宝宝性格中的优点(比如善良)加以充分肯定，让他们感受家庭的温暖，从而形成比较积极的心理倾向。其次，对宝宝不能溺爱，而是要培养他们的自主能力、增强自信心和抗挫折能力。

俗话说“爱哭的宝宝有奶吃”，感到自己被忽视、需求没得到满足的宝宝会用哭来提醒父母。这时，转移注意力是最有效的办法，比如可以有意识地拿出宝宝平时最感兴趣、最喜欢的玩具。千万不能斥责，否则会愈演愈烈。

有些宝宝在知道哭对父母的影响后，会试图以此达到无理要求。这时，父母首先应和宝宝讲道理，告诉他为什么不能满足这个要求。然后，可采取置之不理的忽视方法，让宝宝觉得哭不能引起大人的注意，从而减少哭的次数。

育儿专家提醒

宝宝半夜哭闹、惊醒别急着喂奶

6 个月后的宝宝不建议半夜进食。那么，对于经常半夜哭闹的宝宝该怎么做呢？

首先宝宝半夜惊醒时，妈妈不要急于抱起或安抚，可以起身静静地观察宝宝，看他到底有什么需求。因为有时大人一介入反而让宝宝更加清醒且哭闹得更大声，而且会让他养成这种习惯。其实有些宝宝哭闹两声后可以再次入睡，妈妈要给宝宝这个自我调适的机会。

如果宝宝哭闹不止，妈妈就要试着安抚，方法要得当。首先不要开灯，要继续维持宝宝醒之前的黑暗和安静，轻轻地拍拍背。宝宝调节体温的能力较弱，环境温度过热过冷都会让他感到焦躁或不舒服。所以，可以试着调节室内温度，或者让宝宝感受一下妈妈的体温。如果以上方法都无效，可以尝试喂奶。

网络点击率超高的问答

出生时体重太轻，用补铁吗？

梁大夫回复：宝宝出生时体重如果偏低，一定要尽早给他补点铁。有研究发现，刚出生的婴儿体重如果在 2 ~ 2.5 千克，及时给他们适量补充铁元素，就会显著降低其长大后患上缺铁性贫血的可能性。那么，如何补充铁元素才科学呢？建议 4 个月以上的宝宝在饮食中可添加些肝泥等富含铁元素的食物；低体重早产儿则应于 2 个月时开始补铁，同时补充维生素 C。

新生儿需要枕头吗？

梁大夫回复：新生儿的颈部还未出现生理弯曲，是不需要用枕头的，但因新生儿胃呈水平位，贲门括约肌发育尚未完善，吃奶后马上平卧很容易发生溢奶、呕吐，甚至误吸呕吐物。为防止新生儿吐奶，可把他的上半身——头部、颈部、背部一起略垫高约 30 度，相当于宝宝小拳头的高度即可。需要注意的是，应当把宝宝的肩部、背部和头部都垫起来，而不仅仅是将头部垫高，以免生硬地弯曲宝宝的颈部，导致宝宝呼吸道气流不畅，影响脊柱发育。

宝宝吃太少怎么办？

梁大夫回复：每个宝宝的性格和食欲是不一样的，有的一上来就大口吞咽，一口气喝掉一大瓶；有的就温吞吞慢条斯理，吃吃停停。所以不需要过分纠结宝宝吃多少奶。只要宝宝的体重增长速度正常就不用担心。一般来说，6 个月以前，宝宝每个月的体重增加不低于 600 克；6 ~ 12 个月，不低于 300 克。如果宝宝的体重增长低于这个值，最好带他去医院检查一下。

宝宝吃完奶，嘴里为什么会吐泡泡？

梁大夫回复：婴儿吐奶是经常发生的。用奶瓶喂时，应该让奶汁完全充满奶头，以免宝宝吸入过多空气；喂完奶后，最好让宝宝趴在大人肩上，用手轻拍宝宝背部，可使吸进去的空气排出来。喂完奶后，抱起和放下宝宝时动作要轻、幅度要小，摇晃太厉害就容易导致宝宝漾奶或吐奶。

宝宝头发越剃越好吗？

梁大夫回复：一般不主张给婴幼儿剃光头，如果宝宝的头发长长了，可进行适当的修剪。由于婴幼儿头皮很薄很娇嫩，皮下血管丰富，抵抗力差，头发细而柔软，也不容易剃下来。如果剃光头则很容易损伤宝宝头皮，此时细菌可乘虚而入，引起头皮感染而影响婴幼儿健康。但对于患湿疹或毛囊炎的宝宝，头发剪短有助于护理和治疗。

宝宝刚 3 个月，为什么最近拉的大便总是发绿？

梁大夫回复：正常情况下，纯母乳喂养的宝宝大便呈黄色或金黄色，均匀如软膏样，没有臭味，每天大便 2 ～ 4 次。大便呈绿色一般发生在 0 ～ 1 岁的婴儿身上，如果宝宝喝的是奶粉，出现绿便就很正常了。这是因为奶粉中含有铁元素，铁如果没有完全被吸收，大便就会发绿。脂肪在消化过程中需要胆汁酸和各种酶，有可能多余的胆汁从大便中排出，也会使大便呈绿色。但如果宝宝的大便在呈绿色的同时，还伴有奶瓣或泡沫，就是消化不良或肠道菌群紊乱的表现。

母乳喂养的宝宝还用喂水吗？

梁大夫回复：一般情况下，母乳喂养的宝宝，如果母乳充足，在 6 个月内不必添加任何食物，包括水。母乳含有宝宝从出生到 6 月龄所需要的蛋白质、脂肪、乳糖、维生素、水分、铁、磷等营养物质。母乳的主要成分是水，这些水分能够满足宝宝新陈代谢的全部需要，不用额外补水。但如果宝宝出现发热、腹泻、呕吐而有脱水的表现，则该酌情补水。

宝宝脸上起皮，有什么好的解决办法？

梁大夫回复：宝宝起皮有可能是湿疹或家中过于干燥。如果是湿疹，可能是捂得太厚引起的，适当减一点衣服会有所改善。另外，宝宝长湿疹，尽量不要洗澡太勤，洗澡后要用润肤油或润肤霜。同时还应关注宝宝的饮食，看看宝宝是否为过敏体质。

如果是干燥引起脱皮、起皮，家中要注意加湿，洗脸用温水，洗后涂抹护肤霜。

生气时给宝宝喂奶，会对宝宝产生不良影响吗？

梁大夫回复：最好不要在生气时喂奶，因为母乳喂养的宝宝容易受妈妈情绪的影响。妈妈如果心情不愉快，可以直接影响下丘脑或肾上腺素分泌过多，致使奶量减少或成分改变。

宝宝长小牙了，如何避免咬妈妈乳头？

梁大夫回复：当宝宝咬乳头时，妈妈马上用手按住宝宝的下颌，宝宝就会松开乳头的。如果宝宝正在出牙，频繁咬妈妈的乳头，喂奶前可以给宝宝一个空的橡皮奶头，让宝宝吸吮磨磨牙床。10 分钟后再给宝宝喂奶，就会减少咬妈妈乳头了。

宝宝患了疱疹性咽峡炎，什么都不能吃，怎么办？

梁大夫回复：患疱疹性咽峡炎的宝宝常常在口腔黏膜、舌和咽部出现小水疱，水疱很快破溃糜烂形成溃疡，此时宝宝往往因为口腔黏膜疼痛而影响进食。

在宝宝刚开始发病时，要保持口腔卫生，多饮水、吃清淡的饮食，如藕粉、稀粥、果汁等，少量多次。一般 3 ~ 5 天症状会逐渐减轻，1 周即可自愈。如果口腔黏膜局部感染溃烂较严重，应在医生指导下进行药物治疗。

宝宝的体检与疫苗注射

健康是一种责任，预防大于治疗

宝宝体检

新生儿做体检，记住 3 个数字

按照护理原则，宝宝出生后的 5 分钟、1 周、满月需要做不同项目的体检。所以，为了方便记忆，父母就得记住 1、7、28 这三个数字了。

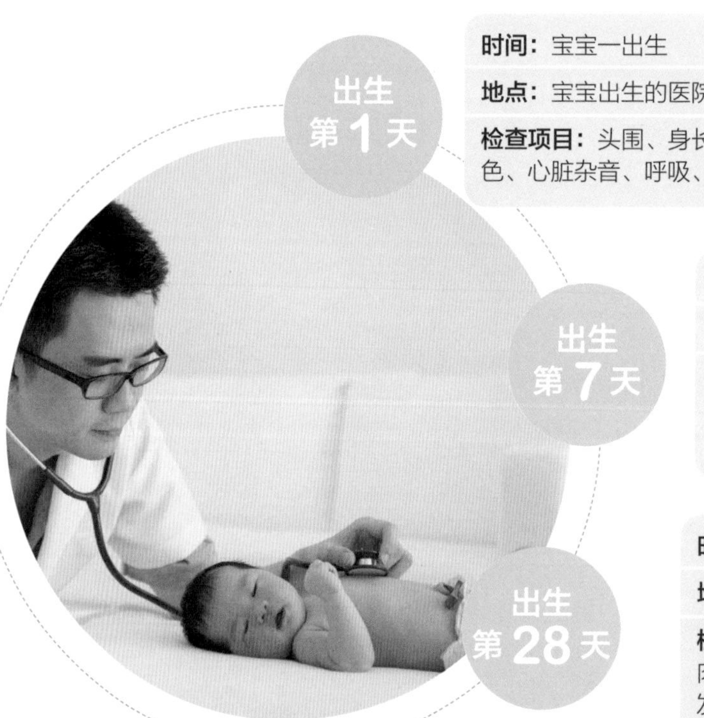

时间：宝宝一出生

地点：宝宝出生的医院

检查项目：头围、身长、体重、皮肤颜色、心脏杂音、呼吸、肌肉紧张程度

时间：宝宝出生 1 周后

地点：宝宝出生的医院

检查项目：足跟血化验、甲状腺、循环系统、腿部状态、性器官

时间：宝宝出生 1 个月后

地点：医院保健科

检查项目：基础检查、肌肉发育、四肢发育、智力发育、心脏及其他器官

讲到这里，相信很多有过给宝宝做体检经历的妈妈都想说说自己的经历，上面看似简单的步骤，却需要很多前期准备！而且让人万万想不到的是，各种各样的排队会让人很崩溃。如果能从其他妈妈的经验里取取经，为自己宝宝下次的体检做好准备，也不失为一个好办法。

0 ～ 3 岁宝宝需要做的体检项目

有些妈妈认为给宝宝体检就是量量身高、体重，自己在家也可以经常给宝宝测量，所以只记得给宝宝打预防针，却不大重视定期带宝宝做健康检查。其实宝宝年龄不同，健康检查项目也不完全一样，应包括以下内容：

新生儿期（0 ～ 28 天）

了解宝宝出生时的情况、预防接种乙肝疫苗和卡介苗的情况、新生儿疾病筛查情况等。

观察家居环境，观察宝宝的喂养、睡眠、大小便、黄疸、脐部情况、口腔发育等。为宝宝测量体温，记录出生时的体重、身长，进行体格检查，建立《0 ～ 6 岁儿童保健手册》，并进行母乳喂养、护理和常见病预防等方面的指导。

新生儿满 28 天后，应接种乙肝疫苗第二针，并对其进行体重、身长测量，体格检查和发育评估。

婴幼儿期（1 个月～ 3 岁）

应在宝宝 3、6、9、12、18、24、30、36 月龄时，到医院或社区卫生服务中心，共进行至少 8 次健康体检。有条件的可结合预防接种时间增加体检次数。

检查内容除了询问宝宝期间的喂养、睡眠、患病等情况，还应包括体格生长发育评价和心理行为发育评价，五官、皮肤、心肺、腹部、四肢、肛门和外生殖器等的全面体检，并进行母乳喂养、辅食添加、心理行为发育、意外伤害预防、口腔保健、常见疾病预防等方面的健康指导。

不可不查的体检项目

1

在宝宝6～8、18、30月龄时，分别进行1次血常规检测，及早发现宝宝是否患有贫血。

2

在6、12、24、36月龄时，使用行为测听的方法分别进行1次听力筛查。

检查时应避开宝宝的视线，分别从不同的方向给予不同强度的声音刺激，观察宝宝的反应，以估测宝宝听力是否正常。

3

为了及时发现宝宝是否患有可疑佝偻病，应在每次体检时了解宝宝的户外活动情况，询问宝宝每天在户外活动的平均时间，每日服用维生素D的剂量。

可疑佝偻病的症状有夜惊、多汗、烦躁；可疑佝偻病的体征包括颅骨软化、方颅、枕秃、肋串珠、肋外翻、肋软骨沟、鸡胸、手镯征、O形腿、X形腿等。

哪些宝宝需要增加体检频次

对早产儿、低出生体重儿、双多胎或出生缺陷儿，以及中重度营养不良、单纯性肥胖、中重度贫血、活动期佝偻病、先心病等高危儿，家长需要对宝宝的体检足够重视，应进行专案管理，并根据实际情况增加体检次数。

健康体检的时间“4—2—2—1”

1岁以内至少4次：分别为在3～4、5～6、8～9、11～12月龄；

1～2岁至少2次：分别在1.5岁和2岁；

2～3岁至少2次：分别在2.5岁和3岁；

3岁以上每年至少1次，时间在每年的3～8月份。

在家可做的检查

测体重

方法：在测量前，宝宝应先排尽大小便，然后脱去鞋袜、帽子和衣裤，仅穿短衫裤。小婴儿应卧于秤盘中，较大的宝宝可站在秤台中央测重，测量时要注意保暖。

正常：出生时体重平均为 3 千克，1 岁为 10 千克左右，2 岁至青春期前每年约长 2 千克。

异常：超过正常体重的 10% 为偏重，超过 20% 为肥胖，低于 15% 为营养不良。

量身高

方法：家中常用软尺测量。3 岁以下采用卧位测量。将宝宝脱去鞋袜，面部向上，两耳在同一水平线上。家长位于宝宝右侧，左手握住两膝，由另一人从头顶量至足底。

正常：婴儿出生时平均身长为 50 厘米，1 岁为 75 厘米左右，2 岁为 90 厘米左右，3 岁为 100 厘米左右，3 岁以后至青春期前每年增长 6 ～ 8 厘米。

异常：如果身高明显低于正常，可能是营养不良造成的发育障碍或患了矮小症。

测前囟

方法：测前囟斜径 (囟门两侧对边中点连线)。

正常：前囟门斜径初生时为 2 ～ 2.5 厘米，至 12 ～ 18 个月时闭合。后囟门在 2 ～ 4 个月时闭合。

异常：若囟门过大或过晚闭合可能有脑积水或佝偻病；囟门过小或过早闭合可能患有小头畸形。

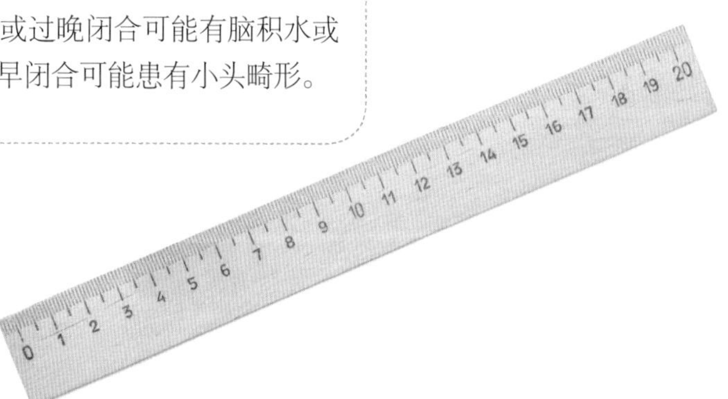

测头围

方法：家长立于宝宝的前方，用左手拇指将软尺零点固定于宝宝头部右侧齐眉弓上缘处，软尺从头部右侧经过后脑勺枕骨最高处，绕头一圈。量时软尺要紧贴头皮，左右对称，有长发的应先将头发在软尺经过处上下分开。

正常：出生时头围 34 厘米，6 个月为 42 厘米，1 岁为 46 厘米，2 岁为 48 厘米。

异常：过小可能有脑发育不全，过大可能有脑积水。

测听力

方法：3 个月内的宝宝，家长可在其旁侧，突然摇铃看是否有反应；3 ~ 4 个月后，妈妈在宝宝后面呼叫看其反应；宝宝 7 ~ 8 个月时，妈妈放些好听的音乐看其表情。

正常：3 个月内宝宝对突然发出的响声可出现眨眼、手足伸屈或哭叫；3 ~ 4 个月后，对妈妈的呼声会用眼睛寻找声源；7 ~ 8 个月后，听到好听的音乐会有喜悦表情或手舞足蹈。

异常：若宝宝对声响无任何反应，需立即到医院检查。

宝宝进行定期体检的重要性

你的宝宝定期体检了吗？也许很多妈妈都忽略了这个很重要的环节，只是在宝宝身体不适的时候才带他们去医院看病，其实，宝宝和大人一样，都需要定期进行身体检查，才能及早发现身体的各种变化。

扫一扫，听音频

不能忽视的定期体检

定期体检可早期发现宝宝体格发育偏离、智力发育落后、精神发育障碍、听力障碍、视力障碍，锌缺乏症、先天性心脏病、缺铁性贫血、佝偻病等多种疾病。及时发现宝宝在生长发育过程中存在的问题，采取合理有效的干预措施，保证宝宝的健康成长。

阶段不同检查重点也各有不同

建议不同年龄段的宝宝要进行不同方面的身体检查和心理测试评估，全面考察宝宝的身心发育状况。

0～1岁儿童

一般检查（身长、体重、营养状况评价、身体检查），血液检查（血常规、骨碱性磷酸酶），心理测试（气质测试），智力测试（DDST）。

儿童医院体检指导：身长、体重、营养状况评价，身体检查以及一些心智上的检查，是各个年龄阶段宝宝必备的。这个时期的宝宝特别容易出现一些佝偻病之类的疾病，所以血常规、骨碱性磷酸酶这几项应该做一下，以求早发现问题早处理。

1～3岁儿童

在一般检查、心理测试、智力测试、血液检查的基础上，膳食营养计算，眼保健检查和耳鼻喉保健检查。

儿童医院体检指导：这个时期的宝宝除了容易出现微量元素缺乏的问题外，此时宝宝已经可以和父母交流，又是一个对外界接触和学习的时期，眼部和耳鼻喉的基本检查可以预防一些问题造成的沟通、交流、学习障碍。而且此时发现问题进行治疗，也可以防止对于眼耳鼻喉功能造成更大的伤害。

3～6岁儿童

在1～3岁宝宝的检查基础上增加了口腔的保健检查。

儿童医院体检指导：此时宝宝容易患龋齿，许多家长都认为宝宝将来要换牙，所以关系不大，但其实这可能造成宝宝将来牙列不齐影响美观，还可以引起其他疾病，如肠胃病、营养不良等，所以从此时开始，定期进行口腔保健检查很重要。

建议最佳体检时间是宝宝满月至42天的时候，之后在3个月、6个月、9个月、1岁也应按时检查。

科学打疫苗

一类疫苗、二类疫苗指的是什么

疫苗的接种其实是将细菌或病毒经过适当处理后以无危害的形式引入宝宝体内。疫苗分一类疫苗（计划内疫苗）和二类疫苗（计划外疫苗），也就是俗称的免费疫苗和自费疫苗。

一类疫苗

是纳入国家免疫规划，属于免费疫苗，包括乙肝疫苗、卡介苗、脊灰疫苗、百白破疫苗、白破疫苗、麻风疫苗、麻腮风疫苗、甲肝减毒活疫苗、A 群流脑疫苗、A+C 群流脑疫苗和乙脑减毒活疫苗 11 种针对适龄儿童的疫苗。

二类疫苗

是指公民自费并且自愿接种的其他疫苗。除国家规定必须接种的疫苗外，其他需要接种的疫苗都属于免疫规划外疫苗，这些疫苗都是本着自费、自愿的原则，家长可以有选择性地给宝宝接种。应该按照国家规定的免疫程序及时进行预防接种，免疫规划外疫苗可根据宝宝实际情况和家庭经济状况选择，在医生的指导下接种，从而保护宝宝免受传染病之害。

扫一扫，听音频

延伸阅读

1. 二类疫苗能不打就不打？

二类疫苗是对一类疫苗的重要补充，其针对的疾病发病率较高，危害也较大。所以在条件允许的情况下，可根据宝宝实际情况选择接种。

2. 二类疫苗都是自费的？

上海、重庆、广州、深圳、宁波、大连、成都、杭州、厦门、武汉等地已将二类疫苗或部分二类疫苗纳入医保范围。

打疫苗前做哪些准备

观察宝宝身体状态

宝宝要在身体状态良好的情况下接种，下列情况暂时不宜接种：

1

出现感冒、发热、淋巴结肿大、腹泻、剧烈呕吐等，待宝宝好了，症状消失了，一周后按照接种日再给宝宝补种。

2

如果宝宝在前一次接种了疫苗出现了高热、惊厥、头痛等情况，后面的疫苗也是不能接种的。比如说同样的疫苗，前面接种了百白破，回到家以后出现了高热、抽搐、严重过敏的情况，以后就不能接种同种疫苗了。

帮宝宝做好准备工作

正常情况下，宝宝每次预防接种前，家长需要帮宝宝做好准备工作：

1 提前洗澡，保持接种部位皮肤清洁，换上宽松柔软的内衣。

2 营养均衡，休息充分。

3 带上预防接种证，向医生说明健康状况，如不宜接种疫苗，要和医生商量补种时间。

接种疫苗流程首先要进行预检查体，在预检查体的时候，宝宝在家里尤其是近一个星期之内有什么情况，一定要告诉预检大夫，大夫才能根据情况确定能打还是缓种。如果查体合格，没有发热或其他疾病才可接种。还有，家长在登记签字时要了解接种的是什么疫苗。

宝宝打疫苗的时间表

一类疫苗接种时间表

一类疫苗是宝宝出生后必须接种的。

计划免疫包括两个程序：一个是全程足量的基础免疫，即在 1 周岁内完成的初次接种；二是以后的加强免疫，即根据疫苗的免疫持久性及人群的免疫水平和疾病流行情况适时地进行复种。这样才能巩固免疫效果，达到预防疾病的目的。

以北京市为例，0 ~ 3 岁的宝宝需要免费疫苗接种的时间顺序见下表：

年龄	疫苗名称	针（剂）数	可预防疾病
出生	卡介苗 乙肝疫苗	初种 第一针	结核病 乙型病毒性肝炎
1 月龄	乙肝疫苗	第二针	乙型病毒性肝炎
2 月龄	脊灰疫苗	第一剂	脊髓灰质炎
3 月龄	脊灰疫苗 百白破疫苗	第二剂 第一针	脊髓灰质炎 百日咳、白喉、破伤风
4 月龄	脊灰疫苗 百白破疫苗	第三剂 第二针	脊髓灰质炎 百日咳、白喉、破伤风
5 月龄	百白破疫苗	第三针	百日咳、白喉、破伤风
6 月龄	乙肝疫苗 A 群流脑疫苗	第三针 第一针	乙型病毒性肝炎 流行性脑脊髓膜炎
8 月龄	麻风二联疫苗	第一针	麻疹、风疹
9 月龄	A 群流脑疫苗	第二针	流行性脑脊髓膜炎
1 岁	乙脑减毒疫苗	第一针	流行性乙型脑炎
18 月龄	甲肝疫苗 百白破疫苗 麻风腮疫苗	第一针 加强 第一针	甲型病毒性肝炎 百日咳、白喉、破伤风 麻疹、风疹、流行性腮腺炎

续表

年龄	疫苗名称	针（剂）数	可预防疾病
2岁	甲肝疫苗 乙脑减毒疫苗	第二针 第二针	甲型病毒性肝炎 流行性乙型脑炎
3岁	A+C群流脑疫苗	第二针	流行性脑脊髓膜炎

二类疫苗接种时间表

如果选择注射二类疫苗，应在不影响一类疫苗情况下进行选择性注射。要注意接种过活疫苗（麻疹疫苗、乙脑疫苗、脊灰糖丸）要间隔4周才能接种死疫苗（百白破、乙肝、流脑及所有二类疫苗）。

同样以北京市为例，家有0 ~ 3岁宝宝的父母可有选择性地自费、自愿接种此类疫苗，以下为二类疫苗的接种时间和顺序：

疫苗名称	预防疾病	使用人群与接种次数
五联疫苗	预防白喉、破伤风、百日咳、脊髓灰质炎、B型流感嗜血杆菌	2月龄以上的婴儿，在2、3、4月龄，或3、4、5月龄分别进行1剂基础免疫；在18月龄进行1剂加强免疫
B型流感 嗜血杆菌结合疫苗	B型流感 嗜血杆菌感染	6月龄以下儿童注射3针，间隔1 ~ 2个月，一年后加强1次；间隔1个月，于出生后第二年加强接种1次
水痘疫苗	水痘	19.5月龄接种第1针，4岁14天接种第2针
13价肺炎 疫苗	肺炎	共4次，2.5月龄、3.5月龄、4.5月龄、12.5月龄各1剂，共4次
流感疫苗	流感	用于6月龄以上儿童，季节性接种，首剂接种2剂，二剂次之间间隔1个月，之后每年接种1剂
轮状病毒疫苗	宝宝秋季腹泻	2个月至3岁以内婴幼儿每年口服1次，共4次

注：表中疫苗全部为自费疫苗，必须在医生指导下进行接种。

接种疫苗后会出现哪些不良反应

常见的接种反应包括局部症状和全身症状。局部症状主要有接种部位红肿、疼痛等。全身症状主要有发热、皮疹、呕吐、易哭闹等。轻度反应一般不需要特别处理，一般 1 ~ 2 天内可自行恢复。如果反应较重，应及时带宝宝去医院就诊。

出现红肿热痛或发热

接种完疫苗后，局部反应可能就会出现红肿热痛，一般两三天就会消退。全身反应是发热、烦躁、睡觉不踏实、食欲不好等，有的还可能出现腹泻、呕吐。

家长要注意偶合反应，就是接种疫苗时，宝宝正处于疾病的潜伏期，接种疫苗后正好发病，这纯属巧合，与接种疫苗没有关系。那么，对于出现这些反应应该怎么处理呢？

发热的处理：如果宝宝的体温不超过 38.5℃，家长可以多给他喂一点水、多休息就可以了。如果超过 38.5℃且宝宝自觉不适，可以适当服用退烧药，一般 1 ~ 2 天就可以消退。如果反应比较重，服药也不退，这就要去医院就诊。

硬结的处理：出现硬结可采用热敷的方法加快消散，每天 3 ~ 5 次，每次 15 ~ 20 分钟。

各种疫苗接种后可能的不良反应

疫苗名称	可能发生的不良反应
卡介苗	接种 10 ~ 14 天，呈现小红结节，4 ~ 6 周变成脓包或溃烂，2 ~ 3 个月会愈合，这是正常反应，不必惊慌。但发现宝宝腋下淋巴结肿大且直径超过 1 厘米，应到医院检查
乙肝疫苗	通常无任何不适，极少数偶有轻微发热、食欲减退的暂时现象
脊灰疫苗	一般无任何不良反应，但极个别宝宝可能出现发热、呕吐、皮疹或轻度腹泻等反应。一般症状持续时间都很短
百白破疫苗	局部可能会红肿、硬结，接种后 2 ~ 3 天可能会发热、疲倦、胃口不佳
麻疹、腮腺炎、风疹混合疫苗	注射后应多喝开水，少出入公共场所，避免感冒，如果在注射后 1 ~ 2 天就有发热，应立刻就医诊治

打疫苗后一般多久出现症状

接种疫苗前，宝宝上一次接种疫苗出现了哪些反应（如发热、起皮疹等）要及时告诉医生。

宝宝接种完疫苗要留观 30 分钟，这是因为急性过敏的情况一般发生在 30 分钟之内。宝宝如果在路上或家里出现过敏，很难得到及时抢救，有可能出现危险。

因此，请家长们一定要注意这一点，如果你急着上班，没有充分的等待时间，最好换一天再给宝宝接种疫苗。

接种疫苗后要给宝宝穿好衣服，避免着凉。多喂水，让宝宝注意休息，避免剧烈的活动。接种疫苗后 3 天再开始吃海鲜等易致敏的食物。接种疫苗后当天不要洗澡。

一般宝宝打完疫苗以后，第二天都会有一点不太舒服，这都是正常反应。比如说打完三联，第二天有一点发热，只要不是高热就是正常的。所以一般来说，医生都会告诉你宝宝打完疫苗可能出现哪些反应。比如说三联打完了，尤其是第三针打完了会有局部的红肿；服脊灰糖丸后，半小时内不宜进食及哺乳。

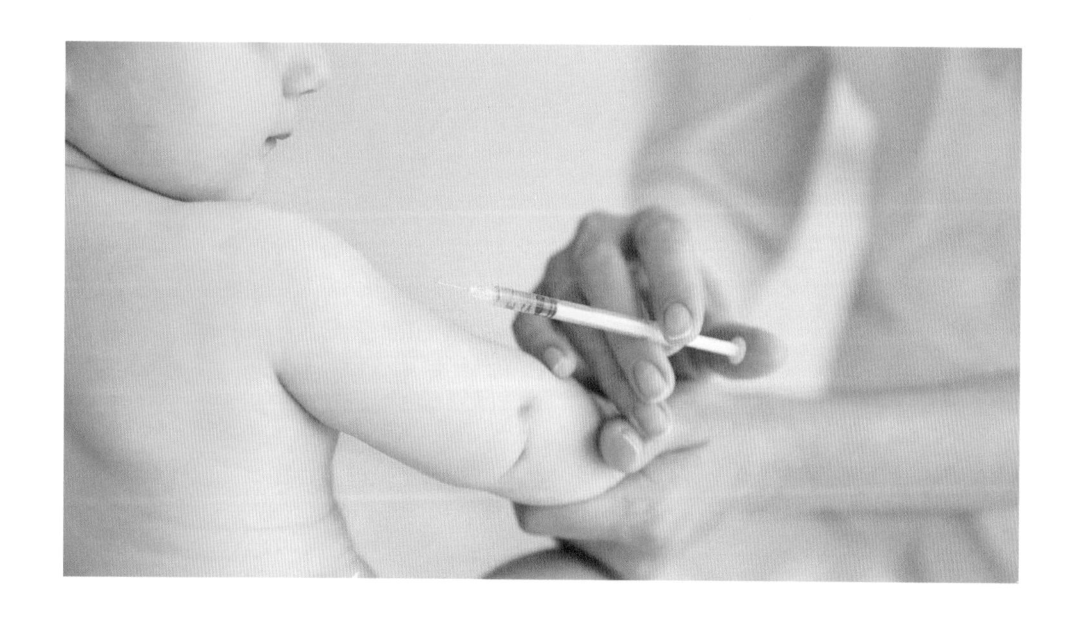

过敏宝宝接种疫苗应注意什么

需要特别提醒的是，过敏体质的宝宝在接种疫苗时要注意接种禁忌。

1

如果宝宝从小就有湿疹或是其他过敏症状，家长要特别留意宝宝是否也对鸡蛋白过敏，严重过敏者需注意接种疫苗是否过敏。

2

过敏宝宝接种疫苗时，家长要和医生做细致沟通，如果湿疹发作严重，或是其他过敏症状处于发作期，建议推迟或待病愈后再接种。

体检实录

在预防接种前，需先签署一份《接种知情同意书》，上面有详细的病种及疫苗介绍，还有该疫苗的作用、主要成分、接种对象、不良反应及接种禁忌。需注意的是，家长在填写知情同意书前一定要仔细阅读同意书，明确宝宝不在接种禁忌范围。也可主动和医生沟通，向医生详细说明自己宝宝的情况（包括既往和近期的情况），这样才能避免异常反应及其他意外，更好地达到免疫效果。

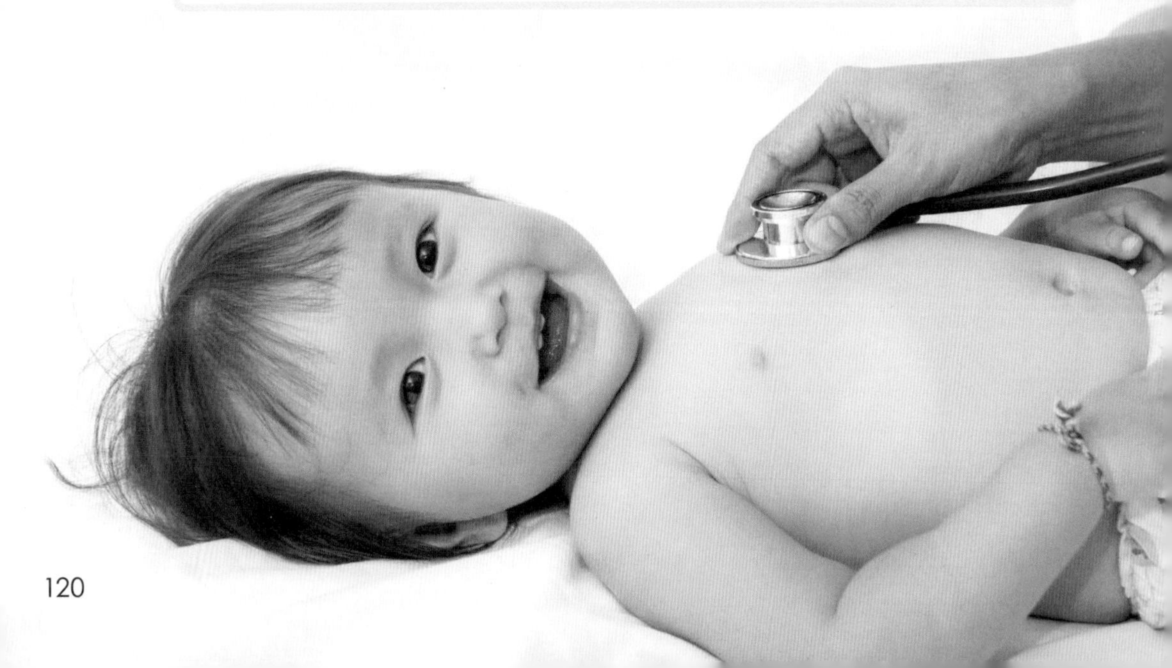

流感疫苗接种讲究多

流感的高危人群最需要接种流感疫苗，主要包括 3 ~ 6 岁的学龄前儿童和 50 岁以上的中老年人。同时，地域不同，接种疫苗的时间也不相同，家长应根据实际情况为宝宝接种疫苗。而流感病毒每年都会发生变异，因此流感疫苗每年都需重新接种。

流感疫苗需每年都接种

其实每年的流感疫苗都有区别，因为每年流感病毒流行的类型都不同，还时常发生变异。

世界卫生组织（WHO）通过开展全球性监测，监控流感病毒的变异，并根据监测结果，每年 2 月和 9 月分别针对北半球和南半球下一个流感季节的季节性流感疫苗候选株进行预测性推荐。所以疫苗一般只能应对当年流行的流感病毒。目前，我国统一采用 WHO 推荐的北半球流感疫苗株。我国批准上市的流感疫苗均为三价灭活流感疫苗。

多大的宝宝可接种流感疫苗

一般来说，6 个月以上的宝宝就可接种流感疫苗了。

接种流感疫苗的原则

接种剂次：从未接种过流感疫苗的 6 月龄至 8 岁儿童，首次接种需 2 剂一次（间隔≥ 4 周）；以前接种过流感疫苗的儿童，则建议接种 1 剂。8 岁以上儿童和成人仅需接种 1 剂。

接种时机：通常接种流感疫苗 2 ~ 4 周后，可产生具有保护水平的抗体，6 ~ 8 个月后抗体滴度开始衰减。我国各地每年流感活动高峰出现和持续时间不同，南北方接种疫苗的时间也有所差别：

北方宝宝接种疫苗最佳时间：每年的 9 月份至第二年的 1 月份；

南方宝宝接种疫苗最佳时间：每年的 10 月份至第二年的 2 月份。

接种部位：三价灭活流感疫苗应肌肉或深度皮下注射。成人和大龄儿童首选上臂三角肌接种疫苗，婴幼儿和小龄儿童的接种部位以大腿前外侧为最佳。因为血小板减少症或其他出血性疾病患者在肌肉注射时可能发生出血危险，应采用皮下注射。

乙肝疫苗 3 次种不上不必再纠结

乙型肝炎疫苗全程接种共 3 针，按照“0，1，6 方案”，即接种第一针疫苗后，间隔 1 个月及 6 个月分别注射第二及第三针疫苗。凡按规定程序注射 3 针乙肝疫苗的人，95% 能产生保护作用，可以产生抵抗乙肝病毒的抗体。但有少数人注射 3 针后仍不产生抗体，需要重新接种。

打过疫苗并非全部生效

想知道接种的乙肝疫苗是否生效，可通过抽血化验确定。如果乙肝表面抗体为阴性，说明接种后没有产生抗体或曾产生抗体但已消失，这种儿童可按“0，1，6 方案”重新接种一次。1 个月后去查抗体。如果仍然没有产生抗体，可以第三次接种，但注射剂量要翻倍。

如产生了抗体，但水平低，说明保护效力弱，可再打一针乙肝疫苗，即加强针。

如抗体为阳性且抗体滴度较高，说明原来的乙肝疫苗还有很好的保护效力，不需要再接种乙肝疫苗。

不是每个宝宝都需要抽血化验抗体

大部分人接种乙肝疫苗后都会得到保护，保护效果一般至少可持续 12 年，因此并不是每个宝宝都需要抽血化验抗体。

如果宝宝的家人或密切接触者存在乙肝病毒携带的情况，尤其是母亲是乙肝表面抗原阳性者，宝宝接种乙肝疫苗后最好抽血化验乙肝表面抗体。

化验的时间可在最后一针疫苗接种后一个月时，比如新生儿是出生后 0、1、6 月接种三针，那么就可在 7 月龄的时候化验是否出现了乙肝表面抗体，如为阴性，应加强免疫或再接种；如为阳性，说明疫苗接种有效。

入园前，查查疫苗预防接种证

预防接种证是宝宝预防接种的全程记录，在送宝宝入园前，要先查查宝宝的接种情况。

宝宝到入园的年龄了，当你在给宝宝寻找合适的幼儿园的同时，别忘了还有一件事要做，那就是找出宝宝的预防接种证，好好地检查一遍。

免疫是否完成

在幼儿园接收宝宝时，幼儿园的保健医生需要验看预防接种证（上面记录着宝宝每次接种疫苗的种类、时间、疫苗批号、接种后有无严重不良反应、下次接种的预约时间等），如果宝宝没有完成规定的计划免疫，原则上必须是先补上未接种的疫苗，然后宝宝才能入园。

因此，为了减少不必要的麻烦，在计划将宝宝送入幼儿园时，应该好好地查阅这本预防接种证。如果发现宝宝疫苗接种有遗漏，一定要在入园前补上。其中宝宝1岁以后的疫苗加强接种是最容易遗忘的，一定要仔细核对，及时补种。

当宝宝进入幼儿园后，计划免疫疫苗的加强接种，在部分地区将直接由幼儿园负责集体接种。因此，宝宝接种疫苗时出现的一些较严重的不良反应最好请保健医生直接写在幼儿园的预防接种证上，以免疏漏。接种后宝宝出现低热、局部红肿、哭闹等现象，也要告知幼儿园保健医生，如果宝宝上的是寄宿制幼儿园，这些情况更要详细与医生沟通。

计划外疫苗接种了哪些

查一查宝宝接种了哪几种计划外的自费疫苗。这些自费疫苗也需要按顺序接种数次，完成全程接种后才能起到良好的保护作用。同时，由于只有在完成全程接种的一个月以上，人体才能产生足够的抗体，因此，自费疫苗的接种最好按推荐程序或至少在宝宝进入幼儿园的一个月前就完成。

如果宝宝进入幼儿园时这些疫苗还没有完成全部接种，或者还需要加强接种，务必记住接种的时间。因为这些疫苗的接种仍然需要爸爸妈妈带着宝宝到医院保健科接种。

育儿专家提醒

一定要保管好宝宝的预防接种证

预防接种证会一直伴随着宝宝一路成长。宝宝进入幼儿园，升入小学、中学，甚至以后因各种原因申请出国时，都需要出示这本预防接种证。它的重要性实际上不亚于宝宝的出生证，一定要好好保管。

二类疫苗到底打不打

不少家长带宝宝打疫苗时都会发出这样的疑问：

“我总担心疫苗的安全性和不良反应，害怕宝宝打了疫苗反而出现什么问题。老实说，每次去打疫苗我都提心吊胆的。”

“你说，这二类疫苗预防针是必须要打的吗？看着宝宝每次哭得撕心裂肺的，我都心疼死了，可是听说不打的话，到时候连幼儿园都上不了。”

二类疫苗（计划外疫苗）预防的虽不是危害巨大、流行风险高的疾病，但也有其重要意义，父母可根据自身经济情况及宝宝的体质选择接种。

打防疫针并非越多越好

同时接种多种疫苗会产生协同作用或者是干扰作用。搭配恰当，可以起到加强免疫的效果；如果不恰当，可以发生干扰现象，会大大减低免疫效果。因此是否需要接种二类疫苗，应视具体情况而定。

根据自身情况选择疫苗

水痘疫苗

参加集体活动的宝宝可考虑接种。

五联疫苗

接种后即可同时预防五种疾病。将单苗所需接种的 12 针次减少到 4 针次，既避免宝宝接种针次过于频繁，又可减少接种疫苗发生不良反应的可能性。在家庭经济许可的情况下，选择五联疫苗更方便、更安全。

流感疫苗

冬春两季是流感高峰期，建议7个月以上、体弱多病的宝宝，以及照顾宝宝的家人均接种流感疫苗。

13价肺炎疫苗

如果宝宝本身体质较差经常感冒，或是上幼儿园后对集体环境比较敏感，容易感冒，家长可以考虑给宝宝接种13价肺炎疫苗。

进口疫苗PK国产疫苗

一般在给宝宝接种疫苗时，医生会问，是打进口的还是国产的。进口疫苗往往比国产疫苗贵很多，有些家长心中就会有疑惑：是不是进口疫苗比国产的好？国产和进口的疫苗区别在哪里呢？

国产疫苗很多是减毒疫苗，而进口疫苗很多是灭活疫苗，一般来说，减毒疫苗注射后的疫苗反应比灭活疫苗会大一些，不过，在增加抵抗力方面，减毒疫苗优于灭活疫苗。

不管是进口还是国产疫苗，都经过国家严格的检验，都是安全有效的。建议在给宝宝选择疫苗时量力而行，要考虑到家庭的经济能力。另外在给宝宝接种进口疫苗前，还应先咨询医生，看宝宝的体质是否适合。不同的宝宝，接种疫苗后的不良反应会有所差异。

育儿专家提醒

打疫苗后没产生抗体怎么办

疫苗在接种后必须要经过一定的时间才能产生抗体，宝宝接种疫苗后，只有体内产生足够的抗体，才能达到预防疾病的目的。但是需要注意的是，并不是100%的接种者都可以产生抗体，也有极少数人(1%～5%)即使接种了疫苗也不产生抗体。因此，有条件的家庭最好在宝宝接种疫苗后进行抗体测定。

如果经过检查机体产生了足够的保护抗体，就说明人工自动免疫是成功的。虽然已产生了足够的抗体，抗体水平也会随着时间推移而逐渐下降，要定期进行抗体测定，以确定是否有必要进行加强接种。若没有产生抗体，就需要再次按程序进行接种；如果产生的抗体较少，就需要加强接种。

网络点击率超高的问答

预防接种证有什么作用？

梁大夫回复：预防接种证是儿童免疫接种的记录凭证，每个儿童都应当按照国家规定建证并接受预防接种。家长或者其他监护人应当及时向预防接种单位申请办理预防接种证，托幼机构、学校办入学手续时应当查验预防接种证，未按规定接种的儿童应当及时安排补种。要妥善保管接种证，并按规定的免疫程序、时间带孩子到指定的接种点接受疫苗接种。

宝宝注射疫苗后什么情况下需要就医？

梁大夫回复：发热、注射部位红肿、哭闹、烦躁、不爱吃奶等症状是常见的正常反应，家长不必过于担心。但是，如果出现局部血管神经性水肿、高热不退、晕厥、过敏性皮疹、过敏性紫癜、过敏性休克等异常反应，必须及时就诊。另外，如果宝宝出现皮疹、呕吐、腹泻等典型过敏症状，要及时就医，并且不能再接种该类疫苗。

疫苗是分“死”和“活”两种吗？两者有什么区别？

梁大夫回复：减毒活疫苗俗称活疫苗，是将细菌或病毒中的有害成分杀死，但保留其抗原成分，接种后使人体获得自然免疫力的疫苗。常用活疫苗包括卡介苗、乙脑疫苗、脊髓灰质炎疫苗、麻疹风疹联合疫苗等。

灭活疫苗俗称死疫苗，是将被杀死的细菌或病毒输入人体，促使人体产生抗体，抵御病毒入侵的疫苗。常用死疫苗包括百白破疫苗、流脑疫苗、甲肝疫苗、狂犬病疫苗、流感疫苗等。

活疫苗接种后产生的抗体水平比较高，免疫时间长，免疫力比较稳固，一般基础免疫只打 1 针。但安全性比死疫苗略差，因为细菌或病毒未被完全杀死，有免疫缺陷者不能接种。接种活疫苗后，宝宝会经历一次轻型的低病反应过程，比如打了麻疹疫苗，可能会出现发热、皮疹等麻疹症状。

死疫苗的安全性更高，但抗体水平的产生不如活疫苗好。死疫苗一般接种 1 次后产生的免疫力不高，需连续接种 2 ~ 3 次，才能让抗体在体内维持时间比较长。

打疫苗要“忌口”吗？

梁大夫回复：接种疫苗使人体产生抗体，是人体的正常功能，这不同于患病，自然也就不需要忌口。抗体本身就是蛋白质，均衡的饮食可以保证蛋白质摄入充足，有利于抗体的产生。如果打完疫苗就忌这忌那，会不利于抗体的产生。

不过，在接种疫苗的一周内，一些刺激性强的饮食或易致敏的食物不宜食用，它们会增加预防接种后的不良反应。

宝宝打疫苗后发热怎么办？

梁大夫回复：宝宝接种一些疫苗之后，比如百白破等疫苗，都会有一些反应，发热是常见反应，这种发热多是低热（37.5 ~ 38℃）。而低热不用吃药，多喝水就可以了。

一般预防接种之后的发热 72 小时之内自觉退去。如果超过 72 小时还在发热，可能就不能用单纯的预防接种反应来解释了，必须马上就医。

当然，如果预防接种后的发热是中度发热，体温超过 38.5℃，可以适当给予单纯的退烧药，其他抗感冒的药则不必服用。

婴儿黄疸能打疫苗吗？

梁大夫回复：新生儿黄疸很多都是生理性的，可以逐渐消退。比如打乙肝疫苗，当需要打第二针的时候，有的婴儿黄疸还没有完全消退，只要总胆红素不超过 15 毫克 / 分升（即 256.6 微摩 / 升），就可以打疫苗，这是国际惯例。当然，如果宝宝的黄疸是属于病理性的，例如有先天性胆道或肝脏问题，就不能打疫苗了。

宝宝怕打针怎么办?

梁大夫回复: 陪宝宝打预防针看似小事儿，在宝宝心里却是大事儿，此时父母眼中微不足道的细节，都会在宝宝眼里被无限放大。下面就从接种室内外常见的问题出发，帮父母找出更温暖的处理方式。

1. 陪宝宝去没有干扰的地方等待

因为医院实施预防接种的时间比较集中，导致每次接种人数都会很多。很多家长就挤在接种室门口陪着宝宝等待。我们并不建议家长带着宝宝在那里等，一是宝宝尚小，人多且空气不流通的地方感染病菌的机会就多。

更重要的是，宝宝的情绪很容易受外界影响，而刚刚接种出来的宝宝大多是哇哇大哭着的，无疑会影响宝宝的情绪，徒增宝宝的精神压力。

温暖处理：如果时间允许，最好两个人带宝宝去接种，一个人排队，一个人带着宝宝在外面玩，快排到的时候手机通知一下再立即进来接种，把外界的影响降到最低。

2. 用温柔的方式把宝宝从睡眠中唤醒

众所周知，宝宝在睡眠中是不能打针的，这样容易吓着宝宝。但是小宝宝往往会在妈妈的怀抱中进入梦乡，所以很多家长因为还有其他事情要做会着急地把宝宝从睡梦中唤醒。要知道，不当的方式会引起宝宝的负面情绪，这对于接种也是不利的。

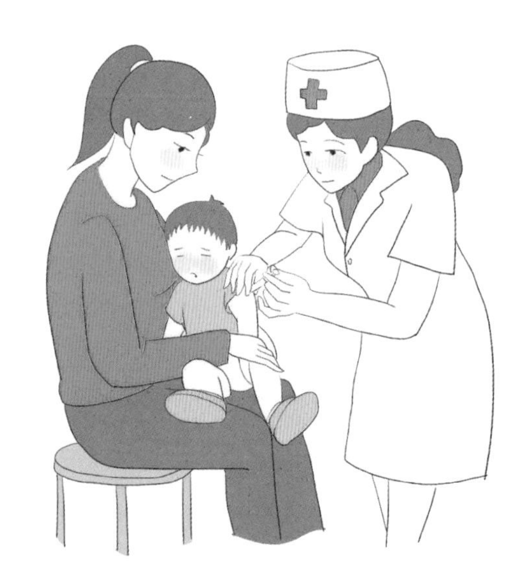

温暖处理：温柔地将宝宝从睡梦中唤醒。方式有很多，比如挠宝宝的手心脚心，把宝宝从左胳膊倒到右胳膊，父母轮流抱一抱宝宝，来回交换之间宝宝就醒了。当然，每个妈妈都有自己特有的方法，但必须保证让宝宝醒了且情绪依然良好，不要把接种与不良情绪之间建立起不必要的连接。

宝宝生病

好父母是宝宝的“第一医生”

医生的提醒

要马上带宝宝去看医生吗

如何判断宝宝是否生病、生病是否严重

1

吃喝是否正常，精神状态好不好，睡眠状况，便尿情况。

2

哇哇大哭的宝宝往往不严重，而不哭不闹、看起来很“乖”的宝宝可能更严重，因为他已经没力气哭闹了。精神状态的好坏是衡量宝宝病情是否严重的一个重要标准。

初诊、复诊都很重要

初诊一般不易判断病情，因为医生不了解具体的情况，比如手足口病，初诊几乎无法判断，并不是医术高低的区别。

1

不要一直给宝宝换医生，一次没看好，就认为这医生不行，马上换其他医生看，如此下去，每次给宝宝看的医生都是初诊，诊断准确率都是不高的。

2

复诊非常必要，因为有了初诊的经验，同一个医生可以及时调整治疗方案，并且第二次看同一个医生，医生连续看，有利于对疾病观察分析，准确判断。

带宝宝看病的 4 个提醒

扫一扫，听音频

不要过于迷信大医院

1

多数情况下，宝宝的病往往是伤风、感冒、腹泻等常见病，一般医院都能诊治，所以就近治疗更为重要。另外，带宝宝看病时应采取一些适当的防护措施，如给宝宝戴口罩，尽量远离呼吸道传染病患儿，避免与消化道传染病患儿直接接触。回家后，家长与宝宝都要彻底洗手，给宝宝服药前家长也要洗手。

不要因着急而乱投医

2

医生开过药后，宝宝病情的好转有个过程，像病毒性感冒、腹泻等病，只要经过适当处理，一般 1 周左右就能自然痊愈。但有些家长宝宝一病就着急、慌乱，只要宝宝不退烧，就带着宝宝跑几家医院，每到一处，医生都要从头了解病情，重新检查，无形中耽误了许多时间。有病的宝宝需要按时服药，好好休息，过多的奔波有害无益。

病情述说是医生诊治疾病的重要资料

3

恰当地叙述病情能使宝宝得到及时有效的治疗，并减少复诊。医生需要了解的情况一般有：发病时间、主要症状、病情变化过程、是否用药，复诊还要说明用药的效果；医生还要了解宝宝过去曾患过哪些疾病、打过什么预防针、对哪些药物过敏等。所以，家长去医院前应把这些都想到，带全病历和检查资料，并主动向医生介绍。

对于宝宝身体上的不适，多留一个心眼

4

如果宝宝总说腿疼、肚子疼、尿频等，而四处投医却查不出宝宝得了什么病时，不妨带宝宝到儿童保健门诊，宝宝也许是生长障碍。这是由于宝宝在生长发育过程中，神经心理发育不成熟所致，尤其是植物神经功能失调最明显。

关于带宝宝看病的 7 条建议

1 简洁准确地描述病情

简介准确地描述宝宝的病情，对医生的诊断非常重要，尤其需要注意以下几点：

现病史和既往病史有无关系
宝宝吃喝拉撒睡的情况
现病史的变化，注意不要用笼统的词
在家里给宝宝吃了什么药，效果如何

2 仔细听医嘱

有的家长因为担心宝宝的病情，只注意宝宝，医生讲过的话转头就忘。在给宝宝看病时，一定要注意仔细听医嘱，尤其需要注意这两点：用药剂量要记清；用药时间不马虎。

3 再次看医生带着上次的病历和药

这一点很重要，病历上会记录之前医生的诊断，医生可以通过这些情况判断之前的药是否有效，并根据宝宝的情况再做诊断。

4 家长要冷静

宝宝生病，家长很着急，越是这种时候越要冷静，以免忙中出错，家庭成员之间也不要相互埋怨。

5 关注宝宝的状况

家长要注意观察宝宝的饮食起居习惯和精神状态是否发生了改变，并询问宝宝是否难受。

6 清淡饮食

宝宝生病后应注意清淡饮食，以免增加肠胃负担。

7 愈后评估

宝宝病好了以后要注意愈后评估，尤其需要注意这两点：要及时与医生和有经验的父母交流；不要太依赖网上的信息。

感冒、发热

预防宝宝感冒

避免到人多的地方去

大型超市、游乐场等地人员密集、空气差，呼吸道病菌容易经空气传播，肠道病菌容易经口传播。

勤开窗、注意家中空气流通

保持室内通风对预防宝宝感冒尤其重要。可以选择在空气条件好的日子里每隔 2 小时就开一会儿窗户，让室内空气流通。

接触宝宝前勤洗手

家人在亲近宝宝前，最好自己先洗洗手、洗洗脸，避免把外面的病菌传播给宝宝。

家中被子、衣物勤换洗

宝宝的被子、衣物都很贴身，要经常换洗，洗完后最好在日光下晒干，不要阴干。

家里有生病的人员，注意和宝宝分开

家人生病时尽量不要接触宝宝，实在要接触，最好戴上口罩。

天气好，多晒晒太阳

天气好的时候要带宝宝多晒晒太阳，不仅能促进钙的吸收，还能强身健体。晒太阳的时候要循序渐进，从每次 10 分钟逐渐到每次 1 小时。最好选择早上 9 ~ 10 点或下午 4 ~ 5 点。

注意根据气候变化增减衣物

如天气没有突变则不能轻易增减衣服。通常 3 个月内的宝宝需要比大人多穿一件衣服，等宝宝自主活动越来越多时，可以比大人少穿一件，因为宝宝新陈代谢更旺盛。

育儿专家提醒

宝宝生病慎用抗生素

宝宝生病时，如果能不用药尽量少用药，能不用抗生素尽量不要用抗生素，能不输液尽量不要输液。使用抗生素要遵医嘱，这对减少抗生素耐药性，增强宝宝体质是很重要的。

高烧，要用退烧药有效退烧

如果患儿精神状态好，嬉戏如常，可采用补充水分、降低环境温度、减少衣物、温水擦浴等较为简易实用的物理降温方法。当体温达到 38.5℃以上或宝宝自觉不适，才给予药物治疗。

扫一扫，听音频

普通发热建议只用 1 种药

大多数情况下，使用 1 种退烧药就能缓解病情，同时多种药混用会增大不良反应的风险。退烧药的起效时间因人而异，一般 0.5 ～ 2 小时内见效。家长如果发现宝宝服对乙酰氨基酚后哭闹减轻（可能是头痛症状减轻），服布洛芬后开始出汗，证明药开始起效了，不要急着加药或换药。

高烧不退时正确交替使用退烧药

如果正确用药仍然持续高烧不退时，可以考虑 2 种退烧药交替使用。例如，对乙酰氨基酚用了 2 小时后没有退热，但其最小用药间隔是 4 小时，4 小时后，可将另一种退烧药布洛芬与其交替服用。

服两种药的最小间隔时间是 4 小时。两种退烧药交替使用时，每天每种药最多服用 4 次。

如何让药物降温效果好

为什么退烧药刚开始服用一两次还管用，后来就不管用了？其实这不是药不管用，而是刚开始发热的头两天，宝宝体内还有足够的水分供散热、蒸发，所以吃了退烧药后温度能降下来。

但发热几天后，宝宝因为食欲减退，吃得比平常少，如果再不注意补充水分，体内的水分减少，无法将热量带出体外，退烧效果自然不好。可见，退烧效果好不好，和水分补充得是否充足很有关系，水分补充得越充足，热量蒸发的机会就越多，退烧效果越好。

所以，在宝宝发热的时候，想尽一切办法给他补充水分，多让他喝温水，而且最好是少量多次地喝。如果宝宝不愿意喝白开水，可以让他喝一些有味道的果汁，这时候少吃几口饭都不要紧，但水分必须足够。

什么情况下采取温水擦浴

最新研究发现，宝宝无论是在体温上升、高热持续，还是退烧阶段，温水擦浴并不是必须的。

只有当宝宝不能吃退烧药时，或者发热让宝宝极度不适，或者宝宝呕吐，建议配合退烧药使用温水擦浴。

温水擦浴的方法

水温与体温差不多

如果宝宝体温在38℃左右，用38℃左右的温水进行擦拭。擦浴过程保持周围尽量没有对流风，在一个相对比较密封的环境里进行，室温最好在24℃左右。

保持水温相对恒定

在这个过程中尽量保持水温的恒定。比如一开始是38℃，过一会儿水温降低了，宝宝就会不舒服，因此需要不停地添加热水，使水温维持在38℃左右，但要防止烫伤。

时间要短

时间一般控制在10分钟以内。

重点擦拭部位

将毛巾浸入水中，家长可以在宝宝颈部、腋窝、肘部、腹股沟等全身大血管处用毛巾擦，使皮肤微红，加速散热。这种方法对宝宝来说是无创的。

延伸阅读

温水浴应对发热的不同观点

香港特别行政区卫生署：温水浴并不能帮助宝宝退烧，但若宝宝有以下情况，很多人都会给宝宝泡温水浴来让他舒服一点：(1)不能服用口服药物；(2)服药后呕吐；(3)表现烦躁或非常不适。

美国儿科学会《儿童发热与退烧药的使用》：把体温降到正常是不是就改善了孩子的舒适度，我们并不清楚，外部降温方式，比如温水擦浴，可以降低体温但提高不了舒适度。

英国NICE（国家卫生与临床优化研究所）的《儿童发热：5岁以下的评估和初步治疗》指南：温水擦浴不推荐用于治疗发热。

感冒、发热饮食指导

总体饮食宜清淡

添加的辅食应易于消化，以流食或半流食为主，根据宝宝月龄选择酸奶、牛奶、藕粉、小米粥、米汤等。可以采用少食多餐的方式喂宝宝。每餐之间喂一些西瓜汁、绿豆汤等。

吃母乳的宝宝坚持母乳喂养

发热时，母乳宝宝要继续母乳喂养，并且增加喂养的次数和延长每次吃奶的时间。喝奶粉的宝宝可以给予稀释的配方奶、稀释的鲜榨果汁或白开水。

过多摄入蛋白质

感冒发热的宝宝，肉类、蛋类等蛋白质辅食进食太多，会刺激人体产生过多的热量，进而提升患儿本来就已升高的体温，加重发热症状。另外，发热还导致唾液的分泌、胃肠的活动减弱，其消化酶、胃酸、胆汁的分泌也都会相应减少，从而不利于高蛋白食物的消化。正确的膳食安排原则是，发热期间适当限制蛋白质的供给量，至少不能增加蛋、肉等的进食量，等症状减轻了，体温恢复正常，再适当增加鱼、鸡肉等高蛋白食物，以利于身体康复。

饱食

医学专家认为，宝宝发热时宜饿不宜饱。奥妙在于适度的饥饿状态，可使机体产生大量对抗急性细菌感染的物质。研究发现，免疫系统对进食和饥饿的反应有所不同，禁食一天后的化验检查显示，血液中一种称为白细胞介素 -4 的物质水平升高了 4 倍，正是这种物质能促进机体产生抗体。

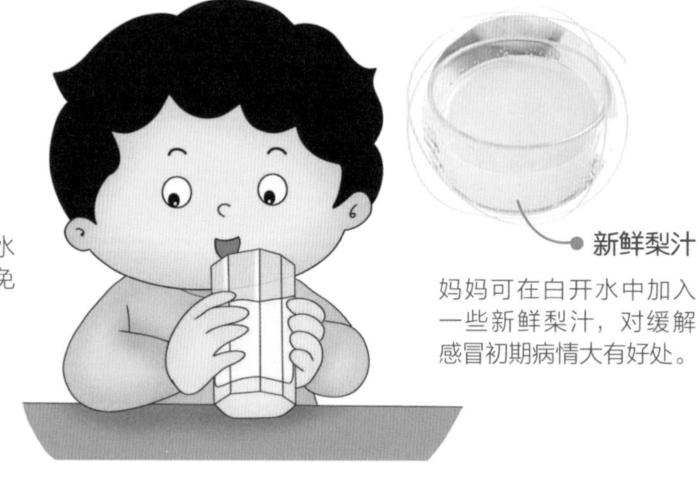

少量多次喝水，水温不宜太热，以免刺激咽部。

妈妈可在白开水中加入一些新鲜梨汁，对缓解感冒初期病情大有好处。

感冒、发热食疗方

鲜梨汁

适应症状：咽喉干、痒痛、音哑、痰多、发热伴有咳嗽。

材料 雪梨1个。

做法

1. 将雪梨洗净，去皮、去核，切成小块。
2. 将雪梨块放入榨汁机榨成汁即可。

要点 雪梨一定要新鲜，每次饮用1～2匙。

功效 具有清热、润肺、止咳的作用，适用于发热伴有咳嗽的宝宝。

西瓜汁

适应症状：适用于发热、口渴的风热感冒。

材料 西瓜肉50克。

做法

1. 西瓜肉去子，切小块。
2. 西瓜块放入榨汁机中，打成汁即可。

要点 注意果汁可稀释一倍后再给宝宝喝。

功效 具有清热、解暑、利尿的作用，可以促进毒素的排泄。

退烧推拿方

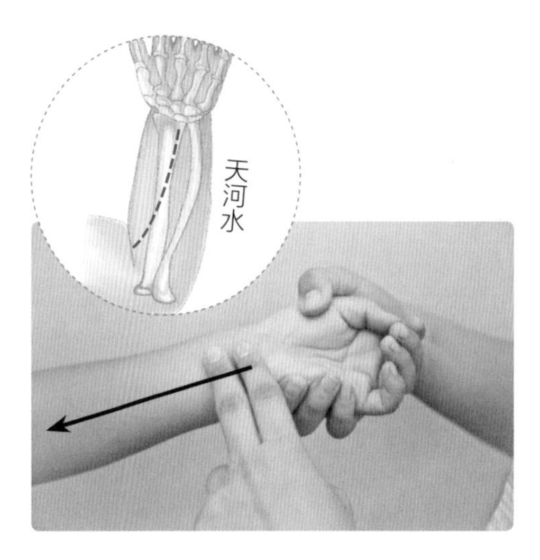

清天河水 清热解表、泻火除烦

精准定位：前臂正中，自腕至肘成一直线。

推拿方法：用食中二指指腹自腕向肘直推天河水 100 ~ 300 次。

取穴原理：清天河水能够清热解表、泻火除烦。主治宝宝外感发热、内热、支气管哮喘等病症。

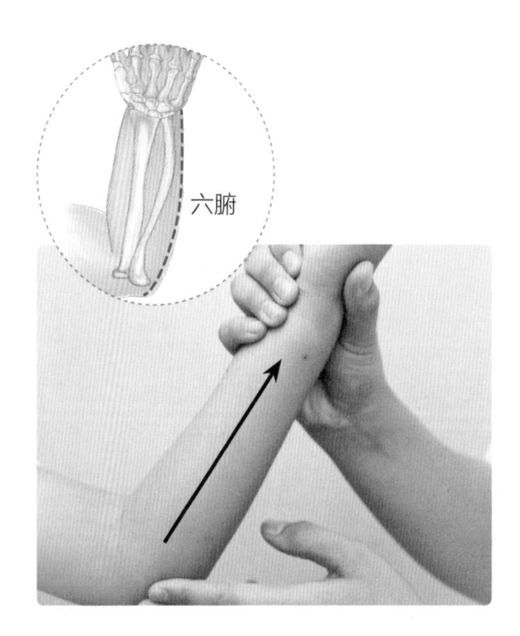

推六腑 清热、凉血、解毒

精准定位：前臂尺侧，腕横纹至肘横纹成一直线。

推拿方法：用拇指指端或食中二指指端，沿着宝宝的前臂尺侧，从肘横纹处推向腕横纹处，操作 300 次。

取穴原理：推六腑有清热、凉血、解毒的功效，对感冒引起的发热、支气管哮喘有调理作用。

咳嗽

5 种咳嗽须上医院

一般说来，家长也不必一听到宝宝咳嗽，就急忙带他去医院，因为很多感冒只要在家精心照顾就能痊愈，除了以下 5 种：

情况 1　夜间干咳

如果宝宝咳嗽不断，且一到晚上症状就加重，家长则要小心了，这可能是哮喘的症状。此时，应该带宝宝去看医生，如果出现无法吃饭、喝水或说话困难，最好叫急救车。

情况 2　发热伴随咳嗽

宝宝出现高热，同时伴有无力、嘶哑的咳嗽，身体酸痛，流鼻涕。这种症状通常是流感，6 个月以上的宝宝在体温超过 38.5℃时可以服用退烧药。

情况 3
呼吸时发出异常声音的咳嗽

如果宝宝已经感冒好几天，咳嗽声发生了一些变化，出现了嘶嘶的声音，呼吸也显得急促，且很爱发脾气，可能是支气管炎造成的。可以带他去看医生，同时要鼓励宝宝多休息、多喝水，严重时，可能需要吸氧。

情况 4　发出嗬嗬声的咳嗽

宝宝感冒 1 周后出现咳嗽症状，有时，一次呼吸会咳嗽 20 多次，在吸气的时候还会发出嗬嗬的声音。这是细菌感染的症状，可能有痰液甚至块状物阻塞了呼吸道，需要马上去医院，6 个月以下的婴儿需要住院观察。

情况 5　痰多影响呼吸的咳嗽

宝宝感冒 1 周后，情况没有好转，且咳嗽后痰变得很多，呼吸也比平时快了。这很可能是肺炎的症状，要送宝宝去医院照 X 光，且要使用抗生素。一般来说，肺炎是可以在家里照料的，但是严重的要住院。

育儿专家提醒

轻度咳嗽无须服药

咳嗽是一种临床症状，不是疾病的名称。它是一种保护性呼吸道反射。作为家长，心里一定要有这个概念。因此，在一般情况下，对轻度而不频繁的咳嗽，只要将痰液或异物排出，就可以自然缓解，无须应用镇咳药。

咳嗽有痰无痰，处理不一样

事实上，咳嗽的原因多样，家长可以根据下面这些表现初步做出判断，并决定下一步该如何治疗。

干咳

咳嗽无痰或痰量极少，可以是阵发性干咳、单声清嗓样干咳，伴咽部不适、疼痛、刺痒、干燥感或异物感等，总觉得有东西粘在喉咙上，咳几下可缓解这种不适。这种咳可能是急性支气管炎初期、急慢性咽炎、过敏性咳嗽引起的。

家长给宝宝多喝水，饮食清淡，忌辛辣刺激、过冷过热的食物，保持口腔清洁。

消除各种致病因素，积极治疗鼻咽部慢性炎症，预防急性上呼吸道感染。

如果是 3 个月内的宝宝持续咳嗽，有高热，出现呼吸困难，要及时就诊。平时可以给 6 个月以上的宝宝喝百合绿豆饮。

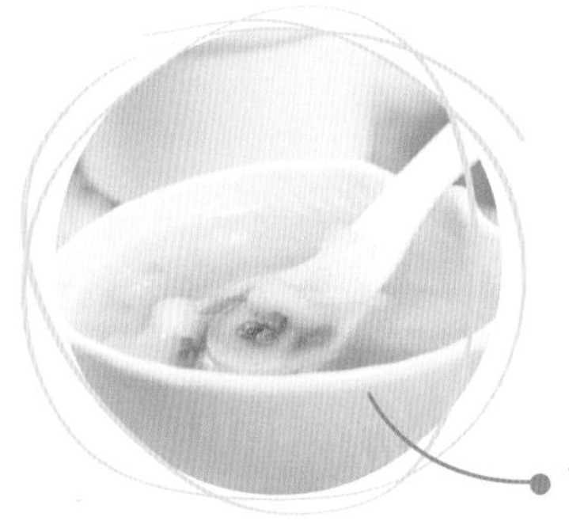

百合绿豆饮

绿豆 20 克，百合 15 克，冰 糖 适 量，加水同煮，喝汤吃绿豆，每日 1 次，连用数日。

湿咳

咳嗽有痰，单咳或阵咳，痰液可以是清痰或黄绿色脓痰。原因可能是支气管炎或肺炎恢复期、支气管扩张、肺脓肿、鼻窦炎及迁延性细菌性支气管炎，这种咳建议尽早就医。

治疗通常以化痰为主，不能单纯止咳，慎重用药。

合理饮水，少食多餐，使痰液稀薄容易咳出。

清淡饮食，避免生冷油腻。

还可以给 1 岁以上的宝宝多喝萝卜蜂蜜水。

育儿专家提醒

咳嗽多长时间，宝宝才能恢复

呼吸道黏膜表面有个非常重要的结构，叫黏液纤毛清除系统，它可将病原微生物等异物排出体外，从而发挥有效的保护作用。有研究显示，一次感冒会导致气道表面的纤毛损伤，至少需要 32 天才能再生至正常水平。所以，一次感冒，咳嗽可能会持续 1 个月。宝宝恢复有个过程，只要咳嗽不严重，不能急躁，更不要见咳嗽就用抗生素。

如何照顾咳嗽的宝宝

以清淡饮食为主

母乳喂养的宝宝出现咳嗽，妈妈应少食辛辣刺激性食物。

添加辅食的宝宝，饮食宜清淡，以蒸煮为主。若宝宝食欲不佳，可做一些味道清淡的菜粥、片汤、面汤之类的易消化食物。既可以促进宝宝进食，又能够补充体力，加快恢复。

咳嗽伴有呼吸急促、憋气时，应选择无刺激性的饮料给宝宝食用，如凉白开、米汤等，避免饮用碳酸饮料，以免频繁嗳气加重呼吸困难。

先排痰再止咳

宝宝年纪小，还不会正确咳痰，痰液容易积聚在体内。宝宝一旦患了呼吸道疾病，常常会伴有频繁咳嗽，再加上宝宝的气管、支气管比较狭小，因炎症而产生的痰液较难排出。有一些家长一听到宝宝咳嗽，就特别紧张，急着给予止咳药，其实应该先给宝宝祛痰。

婴儿剧烈咳嗽时，最好将其抱起，使他的上身呈 45 度角，同时用手轻拍宝宝的背部，使黏附在气管上的分泌物易于咳出。

保持居室的空气流通

保持居室的空气流通，上午 9 时至 11 时，下午 2 时至 4 时，这是两个最好的开窗换气时间。因为气温已升高，逆流层现象已消失，沉积大气层的有害气体逐渐散去，有利于新鲜空气的流入。

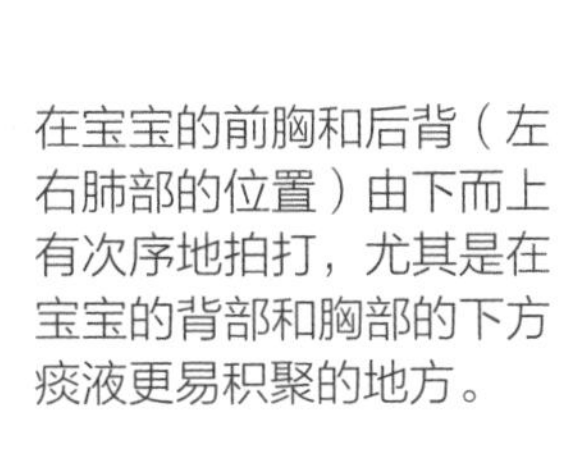

在宝宝的前胸和后背（左右肺部的位置）由下而上有次序地拍打，尤其是在宝宝的背部和胸部的下方痰液更易积聚的地方。

咳嗽饮食指导

✔ 多喝水

在咳嗽期间，如果体内缺水，痰液也会变得黏稠而不易咳出，若能多饮水，则可使黏稠的分泌物得到稀释，容易咳出。

尤其是 1 岁以下的婴儿不会说话，家长每 2 小时左右应喂温水。宝宝添加辅食后，也可以喝点鲜果汁 (如梨汁、西瓜汁、甘蔗汁、橘子汁)，这样既补充了生理代谢所需，又可以稀释痰液以利排出。

✔ 含胡萝卜素的食物

多食含有胡萝卜素的食物，如南瓜、胡萝卜、红薯、玉米、菠菜等，对呼吸道黏膜恢复是非常有帮助的。

✔ 含维生素 C 的蔬果

维生素 C 有利于黏膜细胞的修复，缩短感冒时间。

水果如橙子、橘子、柚子、猕猴桃、草莓，蔬菜如圆白菜、菜花、荠菜、芥蓝、大白菜、甜椒等，都是维生素 C 的良好来源。

✖ 甜食和冷饮

注意少吃甜食（巧克力、糖果等）和冷饮，因为甜食和冷饮从中医上来说比较容易生痰。

✖ 坚硬的颗粒状零食

忌食炒蚕豆、炒瓜子及花生之类的零食，以免突然咳嗽呛入气管中。

甜食和冷饮容易生痰，而止咳第一步是祛痰。

止咳食疗方

百合枇杷藕羹

适应症状： 干咳无痰。

材料 百合、枇杷、鲜藕各 30 克。

调料 淀粉适量，白糖少许。

做法

1. 百合洗净略泡；枇杷去皮、核，洗净；鲜藕洗净，去皮，切薄片。
2. 三者合煮至将熟时放入适量淀粉调匀成羹，食用时加少许白糖。

功效 百合为滋补肺阴之佳品，枇杷清肺止咳，鲜藕凉血清气。

梨丝拌萝卜

适应症状： 舌尖、口唇很红，伴有口臭、眼屎多、流黄脓鼻涕、吐黄脓痰等。

材料 白萝卜 50 克，梨 35 克。

调料 盐、白糖各少许。

做法

1. 白萝卜洗净，去皮，切丝，用沸水焯 2 分钟，捞起；梨洗净，去皮、核，切丝。
2. 白萝卜丝、梨丝中加少许白糖、盐拌匀即可。

功效 白萝卜下气化痰止咳，梨润肺生津止咳。

咳嗽推拿方

按揉丰隆 化痰除湿

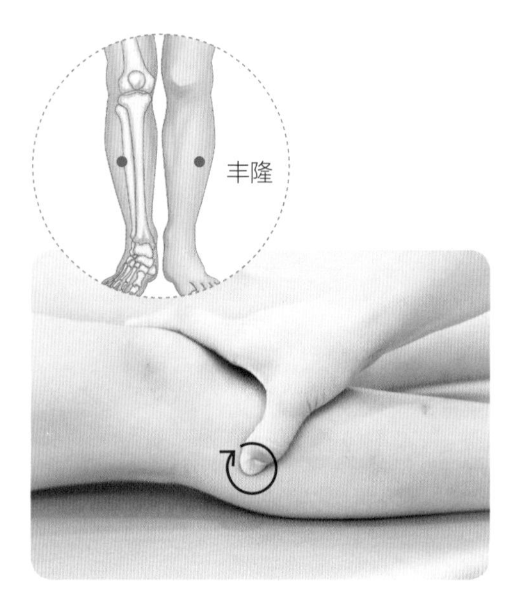

精准定位： 外踝上 8 寸，胫骨前嵴外 1 寸，左右各一穴。

推拿方法： 用拇指指腹按揉宝宝丰隆穴 50 次。

取穴原理： 按揉丰隆穴有和胃消胀、化痰除湿的作用。主治宝宝咳嗽、痰多、气喘、腹胀等。

按揉肺腧 补肺益气

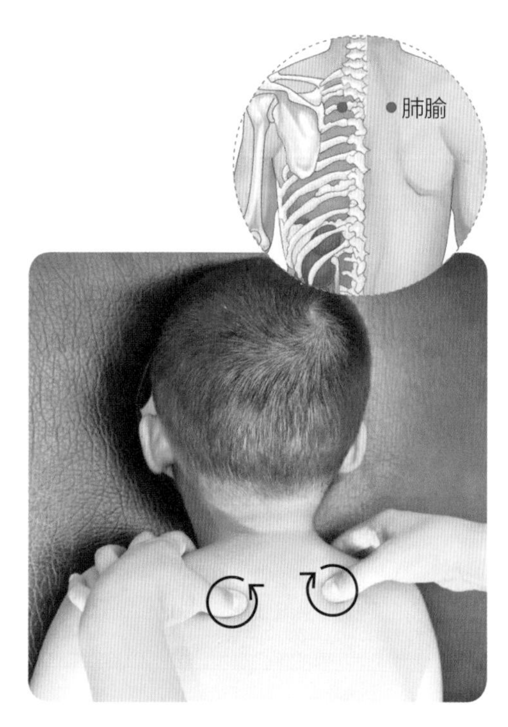

精准定位： 第三胸椎棘突下，旁开 1.5 寸，左右各一穴。

推拿方法： 用拇指指腹按揉宝宝肺腧穴 100 次。

取穴原理： 按揉肺腧穴有补肺益气、止咳化痰的作用。主治宝宝咳嗽、气喘、鼻塞等。

肺炎

区分细菌性肺炎与病毒性肺炎

感染性肺炎很常见，主要由各种病原菌引起，以细菌或病毒感染为主。如父母患普通感冒，宝宝就有可能患肺炎。此外，宝宝其他部位的感染，比如脐炎、口腔感染等，病菌也可以经过血液循环传播至肺部而引起肺炎。

主要致病菌为肺炎链球菌、流感嗜血杆菌、金黄色葡萄球菌等。对于6个月至2岁的婴幼儿来说，由于母传抗体逐渐消失，容易受到肺炎链球菌的侵入，所以肺炎链球菌肺炎的发病率较高。

病毒性肺炎

主要致病微生物为流行性感冒病毒、副流感病毒、呼吸道合胞病毒、巨细胞病毒、腺病毒、冠状病毒及肠道病毒等。病毒感染在小儿肺炎中最多见，通常情况下，病毒性肺炎偏爱6个月以内的婴儿。

在患儿相对安静状态下数每分钟呼吸的次数，如果发现以下情况，则说明呼吸频率增快，提示肺炎的可能。

6个月以下	呼吸次数≥60次/分
6～12个月	呼吸次数≥52次/分
1～2岁	呼吸次数≥42次/分

育儿专家提醒

肺炎用药须谨慎

得了肺炎不一定要用抗生素，细菌性肺炎要使用抗生素；对病毒性肺炎，要止咳平喘，同时用一些抗病毒的药，如合并细菌感染，需加用抗生素。

保持肺炎宝宝呼吸道通畅

1 及时清除宝宝鼻腔内的分泌物，鼓励其多饮水，防止痰液黏稠不易咳出；有痰液妨碍宝宝呼吸时，要让宝宝咳出痰液，不会咳的要吸出痰液，以保持呼吸道的通畅。

2 可以每隔 2 ～ 3 小时轻轻地为宝宝翻一次身，仰卧、左右侧卧交替，并轻轻拍打宝宝背部，以利于排痰及炎症的吸收。对喘憋严重的宝宝，宜取斜坡卧位，把头和上半身抬高，这样可减轻呼吸困难。小婴儿可抱起，扣拍背部，增加肺通气，改善呼吸不畅。

3 居室每天要有 2 小时左右的通风时间，以保证空气新鲜。冬季保持 20 ～ 24℃的室温，保持 50% ～ 60% 的湿度，可防止呼吸道分泌物变干、不易咳出，也可减少宝宝上呼吸道感染概率。

4 注意穿衣盖被均不宜太厚，过热会使患儿烦躁而诱发气喘，加重呼吸困难。注意根据天气变化及时为宝宝添减衣物，添减的标准以宝宝后颈和背心处皮肤温暖而不潮湿为度。

对于痰多的患儿，轻拍宝宝背部，促使排痰。对卧床不起的患儿，应经常变动其体位，这样既可防止肺部瘀血，也可使痰液容易排出，有助于患儿康复。

肺炎饮食指导

喂食时应细心、耐心，防止呛咳引起窒息。

婴儿米粉

喂奶的患儿，可在奶中加婴儿米粉，使奶变稠，可减少呛奶。每吃一会儿奶，应将奶嘴拔出，休息一会儿再喂，或用小勺慢慢喂入。

少食多餐，防止呛咳

肺炎患儿常有高热、胃口较差、不愿进食，应给予营养丰富的清淡、易消化的流食（如人乳、牛乳、米汤、蛋花汤、菜汤、果汁等）、半流食（如稀饭、面条等）饮食，少食多餐。

饮食不宜过饱

肺炎患儿因发热而影响胃肠消化吸收能力，饮食过饱会导致食积化火，要多饮温水或稀米粥，病初可饮金银花茶、菊花茶、薄荷苏叶茶以清热透表。

多吃润肺化痰的食物

多吃滋阴润肺的食物，如番茄、莲藕、葡萄、丝瓜等；一些润肺化痰的食物对宝宝很有益，如银耳莲子粥、百合薏米汤、西芹炒百合、杏仁露等。

油腻厚味

不宜吃蛋黄、蟹黄、鱼子、动物内脏等高脂食物。同时还在喂奶的妈妈应清淡饮食，少吃油腻。

生冷食物吃太多

若过多食用西瓜、冰激凌、香蕉、生梨等生冷食物，易发生刺激性咳嗽，使病情加重。

肺炎食疗方

五汁饮

适应症状：胃热烦渴或肺燥干咳。

材料 梨汁30克，荸荠汁、藕汁各20克，麦冬汁10克，鲜芦根汁25克。

做法

将5种汁放入锅内，加适量水，烧开后改小火煮15分钟即可。

服法 代茶频饮。

功效 生津止渴，润肺止咳，清热解暑。

杏仁蒸梨

适应症状：急性肺炎，咳嗽、咳痰，伴有头痛、肌肉酸痛、乏力等。

材料 梨1个，杏仁10克。

调料 冰糖少许。

做法

1. 将梨去皮、去核，放碗中装好。
2. 梨中加杏仁及冰糖，隔水蒸20分钟即可。

功效 清热润肺。

肺炎推拿方

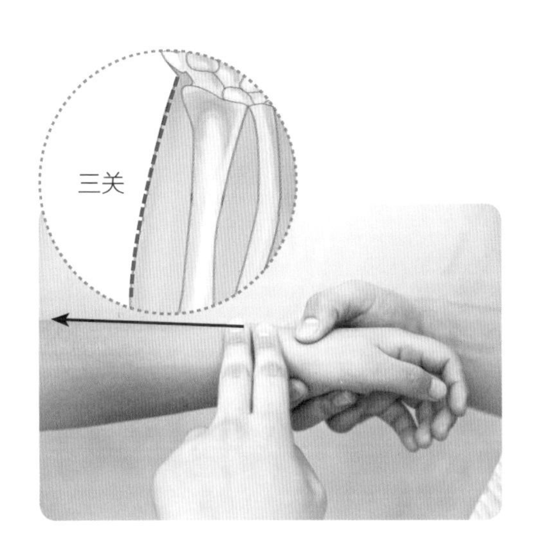

推三关 补虚散寒

精准定位：前臂桡侧，从肘部（曲池穴）至手腕根部成一条直线。

推拿方法：用拇指或食中二指自孩子腕部推向肘部 100 ~ 300 次。

取穴原理：推三关有补虚散寒的功效，主要用于气血虚弱、感冒、肺炎等一切虚寒证。

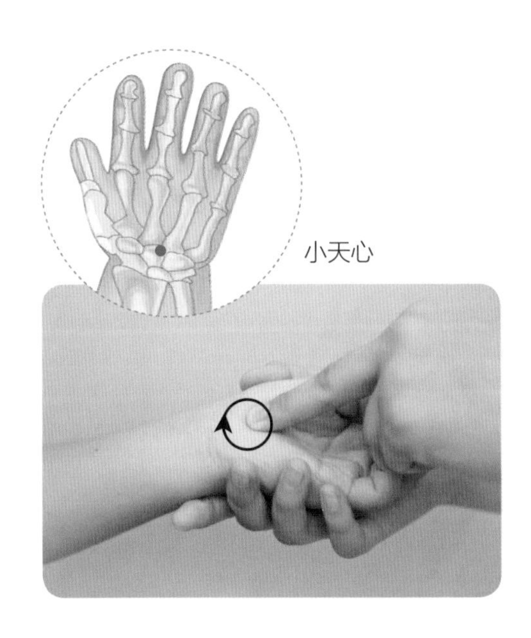

揉小天心 清火泻热

精准定位：手掌大小鱼际交接处的凹陷处。

推拿方法：用中指指端揉小天心 100 ~ 300 次。

取穴原理：揉小天心有清火的功能，对于痰热犯肺引起的小儿肺炎有很好的缓解作用。

哮喘

喘，不等于哮喘

经常听到很多爸爸妈妈说自己宝宝睡觉时、咳嗽后好像有喘的现象。那么怎么判断宝宝是否患上了哮喘呢？

哮喘是一种反复发作的，以气喘、呼吸困难、胸闷为主要表现的下呼吸道疾病，属于小气道疾病。

喘只是一种病理表现，是由于气道发生痉挛或气道内分泌物滞留造成气道狭窄，气体进出狭窄气道时产生的一种高调声音。喘是哮喘特有的表现，但出现喘的现象并不意味宝宝一定患上了哮喘。

如何判断宝宝是否为哮喘

近年来儿童哮喘患病率在全球范围内有逐年增加的趋势，在我国大中城市，儿童哮喘患病率在 3% ~ 5%，首次发病小于 3 岁的儿童占 50% 以上，在性别上，男童与女童的比例约为 2 ∶ 1。

如何判断宝宝是否是哮喘？具有以下特征者可以考虑哮喘发作：

1. 患儿反复发作喘息、气急、胸闷或咳嗽。
2. 发作时在双肺可闻及散在的或弥漫性的以呼气相为主的哮鸣音，呼气相延长。
3. 上述症状和体征可经治疗缓解或自行缓解。
4. 其他疾病所引起的喘息、气急、胸闷和咳嗽。
5. 临床表现不典型者（如无明显喘息或体征），做支气管激发试验或运动激发试验阳性者。

符合 1 ~ 4 条或 4、5 条者，可以去医院看哮喘专科，或者变态反应专科。确诊哮喘可做血液、皮肤特殊过敏原检测及肺功能检查。

预防哮喘复发的措施

清除或减少家中的尘螨

研究证明，宝宝的尘螨特异性 IgE（帮助确诊尘螨过敏）阳性率主要与居室的地板和床上用品有关，特别是密封性好的钢筋水泥结构住宅，其尘螨特异性 IgE 阳性率明显升高。所以家长要尽量保证室内环境的清洁与空气的流通。

1 最好用热水烫洗床单、毛毯等，每周一次，烘干或在太阳下曝晒。患儿的内衣洗涤后最好用开水烫烫，以减少螨虫滋生。

2 床上用品最好不用毛织品，卧室内不要铺地毯、草垫，家具力求精简洁净，不挂壁毯、字画，避免使用呢绒制作的软椅、沙发和窗帘。

3 动物皮毛、霉菌孢子等都有可能成为诱发宝宝过敏性疾病的罪魁祸首，家长一定要做好防护工作。最好不养宠物，定期打扫浴室、厨房、地下室，清除易发霉或已发霉的物品。

4 不要在宝宝面前抖面袋、拍打灰尘、拆毛衣等。

爱上游泳，锻炼心肺功能

医学界通过长期追踪观察发现，游泳很适合哮喘患儿，该项运动能大大增加肺活量，改善患者的肺部呼吸功能。不过，儿童在室内游泳池游泳易使哮喘发作，与儿童在室内游泳馆接触过多的含氯消毒剂有关（“天然游泳池”可以避免这种情况发生），值得引起注意。

衣行上多留意

衣

最好不穿羽绒服，不用蚕丝棉做棉衣，因为一些哮喘患者对动物羽毛、蚕丝中的变应原过敏。不用鸭绒被、鸭绒枕头，避免宝宝接触香水或有刺激气味的化妆品。

行

寒冷或气温多变时注意保暖，保护好气管，免受风寒。不到有宠物的朋友家做客。外出时尽量避免特殊的过敏原如花粉等，并携带药物以备不时之需。减少接触各种刺激性气体，避开油漆、杀虫剂、汽油等。

哮喘饮食指导

清淡饮食

哮喘患儿饮食宜清淡，应多吃温和、易消化的食物，例如面片汤、米粥、胡萝卜汤、丝瓜、苹果泥等。

富含蛋白质的食物

平时应适当吃些富含蛋白质的食物，如核桃、牛肉、猪瘦肉、鸡肉等。蛋白质高的食物虽有营养，但别忽视有些蛋白质也是导致过敏的原因。易引起过敏的食物有鸡蛋、乳制品、腰豆、花生等，需注意。

富含维生素 C 的食物

多吃富含维生素 C 的食物，如白萝卜、青菜、菠菜、白菜、橙子、猕猴桃等，以增强抗病能力。

产气较多的食品

不宜食用易产气的食物，如土豆、韭菜、大蒜、红薯等，可导致腹胀，使横膈上抬，限制肺的通气，还可诱发哮喘。

易致敏食物

部分哮喘患儿应忌食海鲜，如蟹、虾、带鱼、黄鱼等。芒果、菠萝、麦麸、花生等易致敏的食物也要慎食。

过食寒凉

宝宝在生长发育阶段肺脏娇嫩，脾常不足。由于肺气不足、卫外之阳不能充实腠理，故常为外邪所侵，脾虚则积湿蓄痰，上贮于肺。在过食寒凉之物后，就可伤及肺脾而诱发哮喘，所以对于有哮喘病史的儿童要禁食寒凉之品。

饮食过咸过酸

从临床来看，饮食过咸或过酸，常能诱导哮喘的发生。生活中还应禁橘，虽然橘皮可清热化痰止咳，橘肉却是生热生痰之品，故哮喘期间应禁食橘。

哮喘患儿的饮食宜清淡，要多摄入富含维生素 C、胡萝卜素、维生素 E 的食物。

哮喘食疗方

杏仁核桃姜汁

适应症状：咳嗽，气喘，四肢冷，面色苍白等。

材料 甜杏仁 12 克，核桃肉 30 克，姜汁适量。

做法

将所有材料混合捣烂炖服。

功效 止咳化痰平喘。

生姜红枣粥

适应症状：气喘，流清涕，痰稀而色白。

材料 姜丝 10 克，红枣 5 枚，糯米 30 克。

做法

1. 将糯米淘洗干净，用清水浸泡 1 小时。
2. 砂锅里放适量清水，放入糯米、红枣，大火煮开，下入姜丝，改小火煮至糯米烂熟即可。

功效 平喘温肺。

哮喘推拿方

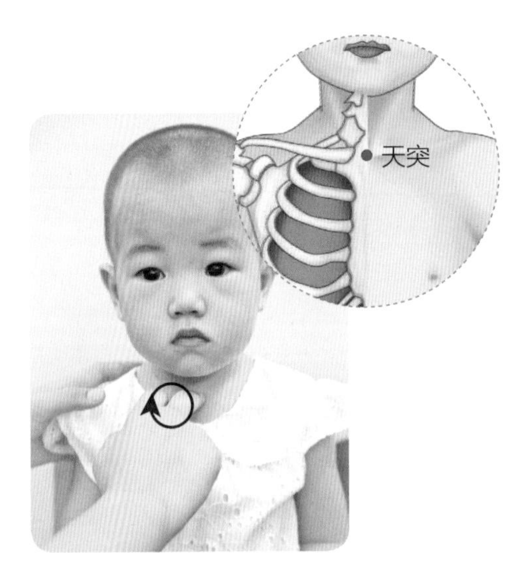

按揉天突 定喘止咳

精准定位：胸骨上窝正中。

推拿方法：用中指指端按揉宝宝天突穴 30 ~ 60 次。

取穴原理：按揉天突可利咽宣肺、定喘止咳。主治宝宝咳嗽、气喘、胸痛、咽喉肿痛、打嗝等。

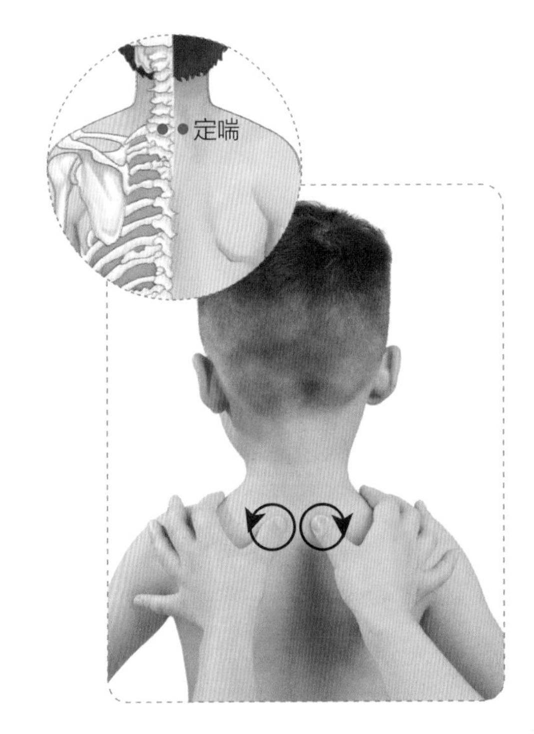

按揉定喘 止咳平喘

精准定位：在背部，在第七颈椎棘突下，旁开 0.5 寸。

推拿方法：用拇指指腹按揉宝宝定喘穴 200 次。

取穴原理：定喘穴有止咳平喘、宣通肺气的功效，对于宝宝支气管哮喘、支气管炎有良好的调理作用。

积食

宝宝积食有哪些表现

厌食

饭入口后久含不吞，吃一顿饭需要很长的时间。

胃口不佳，食欲不振，有的宝宝还会伴有精神不振。

腹胀、大便硬结或腹泻

这是因为宝宝的消化功能还没有完成发育成熟，消化功能不好，积食可能直接导致宝宝腹胀、腹泻。

部分宝宝的大便会有腐败的臭鸡蛋味道。

摸一摸宝宝的肚子，看看宝宝是不是有特别胀气的感觉，如果是，则宝宝有可能是积食了。

免疫力低

长期积食会导致宝宝的免疫力受影响，可能导致宝宝反复感冒、咳嗽甚至肺炎。

烦躁易哭、精神不好

宝宝吃太多，可能导致难以入睡或者睡得不安宁。还有的宝宝会表现出入睡后大汗淋漓。

嘴唇变红

有的宝宝积食，食物积滞化热，家长会发现宝宝的嘴唇突然变得很红，此时就要怀疑是不是积食化热了。这个变化很容易察觉，家长细心观察就能发现。

舌苔厚且白、鼻翼两侧发青

宝宝积食，会出现鼻翼两侧发青、舌苔又厚又白，还可能会有口臭。

积极预防积食

积食可不是个小问题，它会增加宝宝肠、胃、肾脏的负担，甚至使这些脏器致病。所以，一定要注意预防。

七分饱有益健康

无论是哪种食物，再有营养也不能吃得太多，否则不但不能强健身体，还会适得其反，造成积食、腹泻等状况，伤害宝宝的身体。

别让胃肠功能失调

有的宝宝积食是因为吃的东西杂而导致消化功能紊乱，尤其是冷热食物混着吃，更容易造成胃内“打架”。吃过多油腻的食物后腹部受凉，也是导致胃肠功能失调的诱因。

运动与休息并用

如果宝宝吃得过多，应该让宝宝静坐片刻，如果需要上床睡觉，最好朝右侧侧卧，这样更有利于肠胃蠕动，避免受压。

运动是消食的好办法，正常情况下，可以带宝宝多做户外活动，可选择太阳好、无风或风小的时候，每天让宝宝出去活动 0.5 ~ 1 小时。

宝宝吃饭之后，带着宝宝出去走一走，散散步，有助于宝宝消化。

积食饮食指导

饮食清淡易消化

一旦发现宝宝积食了，饮食要清淡，不要食用太多难以消化的肉类，多吃蔬菜、水果等富含膳食纤维的食物，有助于宝宝肠胃蠕动，缓解积食。

可以吃些半流质食物，如米粥、面片等易消化吸收且营养丰富。还要多吃些促进消化的食物，如山楂鸡内金粥、陈皮粥等。

喝冷饮

喜欢冷食冷饮的宝宝，大多食欲不振、消化不良，时间长了极易伤及脾胃，出现消瘦、发育迟缓。

晚上辅食太油腻

宝宝晚上吃得太晚、太腻、太饱，对肠胃都不利。因为晚上宝宝运动少，肠胃蠕动减慢，吃多了会增加肠胃负担，不利于消化吸收。所以，宝宝晚餐最好吃些清淡的食物，如粥、面条、汤、素菜等。进餐时间最好在 18 点之前，且吃八成饱即可。

如果吃肉的话最好选择脂肪含量低的鸡胸肉、鱼肉等。甜点、油炸食品尽量不要吃。

食疗小验方

糖炒山楂

取红糖适量(如宝宝有发热的症状，可改用白糖或冰糖)，入锅用小火炒化(为防炒焦，可加少量水)，加入去核的山楂适量，再炒 5 ~ 6 分钟，闻到酸甜味即可。饭后让宝宝吃一点，可消食，尤其适合吃太多油腻肉食引起的积食。

煮胡萝卜

宝宝消化不良时，可将胡萝卜煮烂，并适当加点红糖让宝宝服食，效果很好。

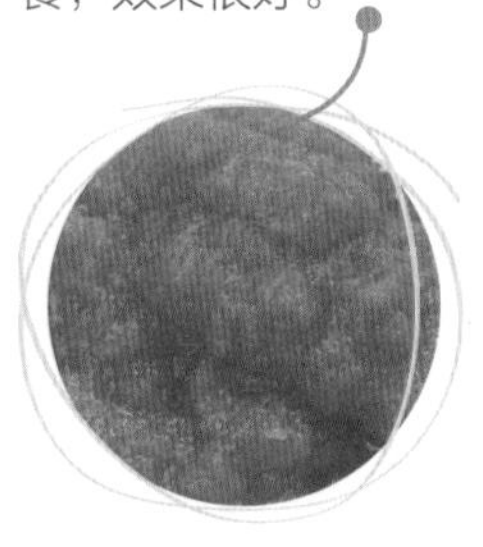

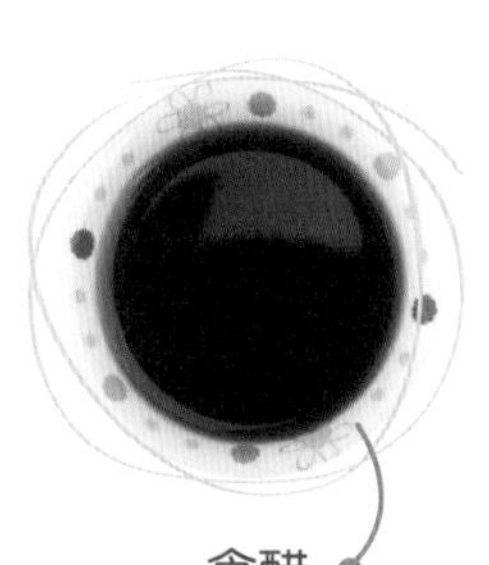

米汤、面汤

要又软又稀，才易于消化。经 6 ~ 12 小时后，再进食易消化的蛋白质食物。

食醋

醋也是一宝。鸡蛋伤食(吃得过多)的宝宝可用一汤匙醋对少许米汤，喂给宝宝喝。另外，吃了太多油腻的食物，宝宝觉得恶心时，可以直接喝一点儿醋，小口、慢咽，宝宝会觉得舒服些。

积食食疗方

山药薏米粥

适应症状：积食不消，吃饭不香，体重减轻，面黄肌瘦。

材料 山药 50 克，大米 40 克，薏米 20 克。

做法

1. 山药去皮，洗净，切片；大米洗净，用水浸泡 30 分钟；薏米洗净，用水浸泡 3 小时。
2. 将大米、薏米放入小锅中，加适量水，以中火煮 20 分钟，放山药片，续煮 5 分钟即可。

功效 山药能调理脾胃、滋阴养液，煮成粥能辅助治疗宝宝积食。

山楂鸡内金粥

适应症状：吃谷、吃油和肉过多引起的积食。

材料 生山楂 2 个，鸡内金 2 克，大米 30 克。

调料 白糖 1 克。

做法

1. 山楂洗净，去核，切片；鸡内金研为粉末；大米洗净，用水浸泡 30 分钟。
2. 将山楂片、鸡内金粉与大米一起放入锅中，加适量水熬煮成粥，加白糖调味即可。

功效 山楂、鸡内金都有健胃消食的功效，适合积食的宝宝食用。

积食推拿方

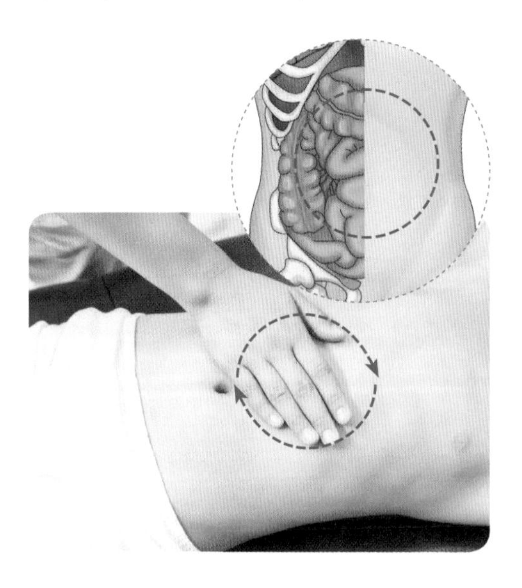

摩腹 健脾助消化

精准定位：宝宝腹部。

推拿方法：将掌心放在宝宝腹部，做顺时针方向摩腹50次，再做逆时针方向摩腹50次。

取穴原理：摩腹有健脾益胃的功效，可以帮助宝宝消化。主治宝宝呕吐、恶心、腹泻、便秘等。

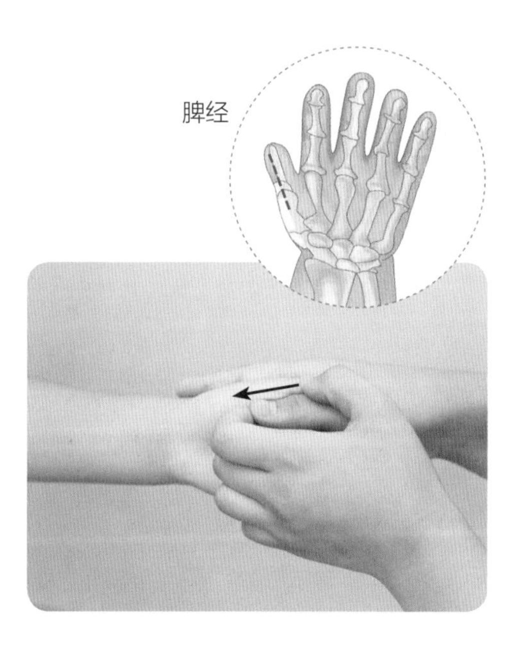

补脾经 健脾和胃

精准定位：拇指桡侧缘指尖到指根成一直线。

推拿方法：用拇指指腹从宝宝拇指尖向指根方向直推脾经50 ~ 100次。

取穴原理：补脾经可以健脾和胃，调理宝宝食欲不振、食积不化。

便便问题

宝宝便便分哪几类

绿色大便

反映宝宝对某些食物消化不好，比如食用含铁量较高和水解蛋白比较多的食物。

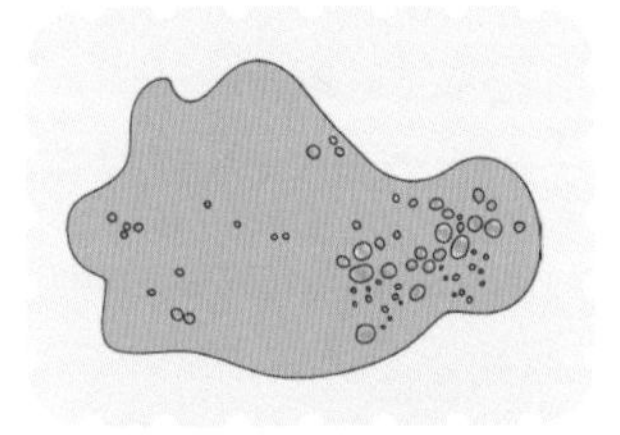

带泡沫的黄色大便

主要是宝宝在吃奶过程中咽下过多空气，这些空气随着大便一起排出了。

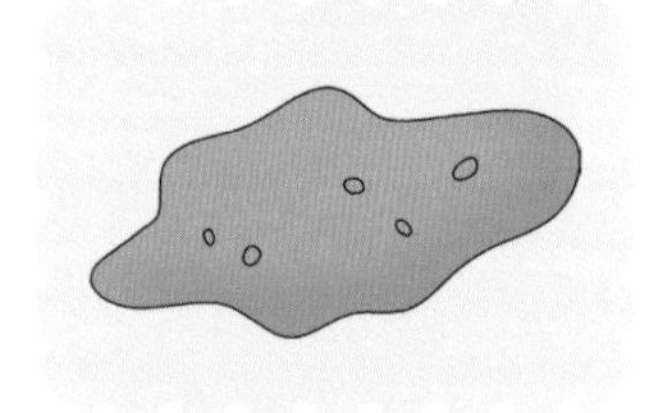

蛋花汤样大便

基本上断定是腹泻，尤其是秋季易出现的轮状病毒引起的腹泻，应及时就医。

黑色大便

柏油便多为上消化道出血（胃）引起。

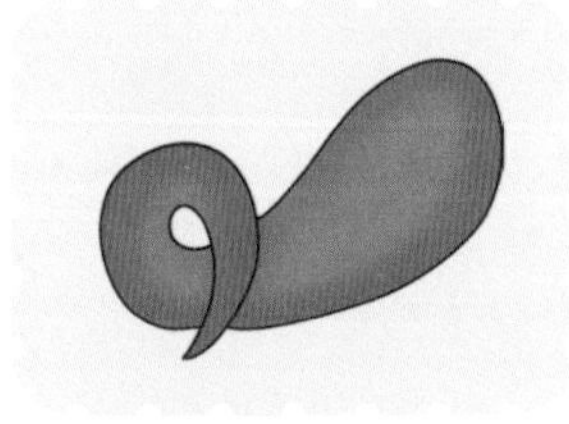

红色血丝便

如果因为大便较硬，排便过程中撑裂肛门，带有一点血丝，就不用担心。如果稀便中有血，就要及时就医。

此外，排除宝宝因肛裂造成的出血情况后，宝宝便中带血，很可能跟胃肠道出血有关，应马上就医。

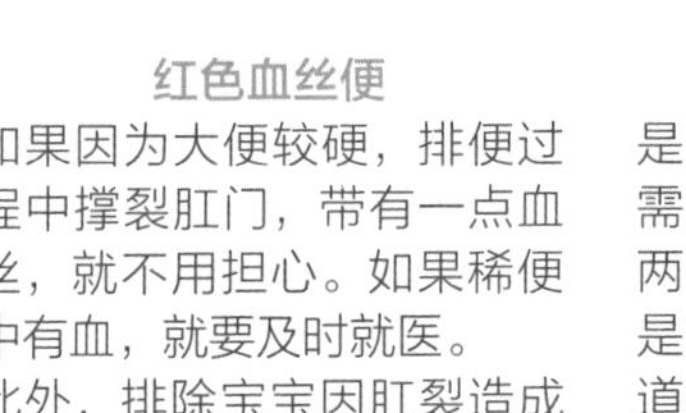

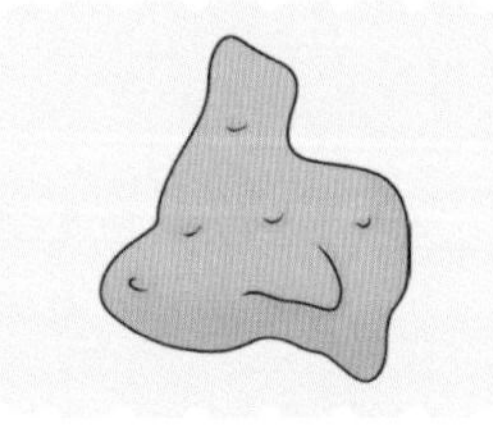

水样大便

是蛋花汤样大便的升级版，需及时就医。但宝宝出生头两天也会排出水样大便，这是由于宝宝刚开始进食，肠道蠕动动力不够就迅速排出大便，但很快就会有实质性的东西排出，这属于正常现象，妈妈不必担心。

腹泻时如何预防脱水

权威解读

中华医学会关于儿童腹泻诊断治疗原则的专家共识

宝宝腹泻要尽早口服补液

对于宝宝腹泻，专家强调尽早口服补液、继续喂养、脱水征的识别、补锌治疗，提倡母乳喂养，推荐用新 ORS 配方。

宝宝腹泻了，要给予充足的液体补充，以免出现脱水。宝宝不吐时，想办法让宝宝多喝水。妈妈可以采取以下两种方法：

- **第一种**　米汤 500 毫升 + 盐 1 克 → 4 小时内喝完
- **第二种**　清水 500 毫升 + 盐 2 克 → 随时服用

口服补液盐补水

如果宝宝出现轻微腹泻并伴有呕吐，可以去买口服补盐液（一般药店都有）加入到宝宝的饮食中。目前国内市场上，只有两款成人和婴幼儿共用的口服补液盐——口服补液盐Ⅱ和口服补液盐Ⅲ。

口服补盐液估计摄入量（根据体重计算）

体重（千克）	日最低液体需求量（毫升）	中度腹泻电解质溶液需求量（毫升/24小时）
2.7 ~ 3.15	300	480
4.95	450	690
9.9	750	1200
11.7	840	1320
14.85	960	1530
18.0	1140	1830

注：本数据为普通儿童所需的最小剂量，大多数宝宝需要摄入更多。

腹泻、便秘食疗方

胡萝卜小米粥

适应症状：食欲降低、呕吐、口唇干、腹泻，且大便呈水样、黏糊状。

材料 小米 25 克，胡萝卜 30 克。

做法

1. 小米淘净，熬成小米粥，取上层米少的米汤，凉凉；胡萝卜去皮洗净，切块，蒸熟。
2. 将胡萝卜捣成泥，与小米汤混合，搅拌均匀即可。

功效 胡萝卜中所含的挥发油能起到促进消化和杀菌的作用，可减轻腹泻和小儿肠胃负担。临床研究表明，在给腹泻患儿喂食胡萝卜泥时，再适量喝点小米汤，可大大减少腹泻的次数。

香蕉米糊

适应症状：大便干硬，伴食欲不佳、腹胀。

材料 香蕉 40 克，婴儿米粉 15 克。

做法

1. 香蕉剥去皮，用小勺刮出香蕉泥。
2. 用温水将米粉调开，放入香蕉泥调匀即可。

功效 香蕉米糊色、香、味都很纯正，而且含有一定量的膳食纤维，能帮助宝宝胃肠消化，缓解宝宝便秘。

腹泻、便秘推拿方

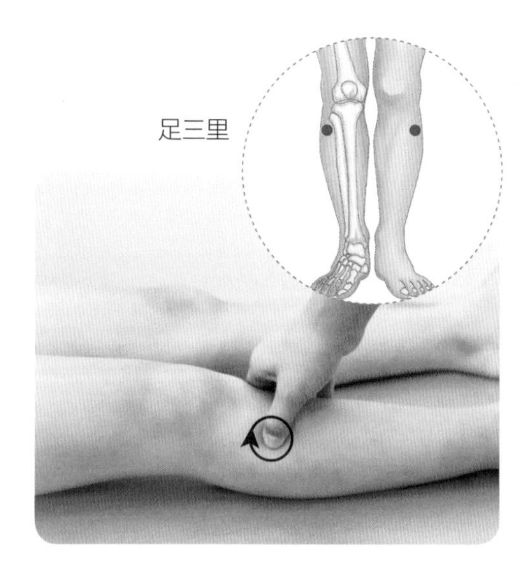

按揉足三里 健脾和胃

精准定位：外膝眼下3寸，胫骨前嵴外一横指处，左右各一穴。

推拿方法：用拇指指腹按揉足三里30～50次。

取穴原理：按揉足三里有健脾和胃、调中理气的作用。主治宝宝腹胀、腹痛、便秘、腹泻等问题。

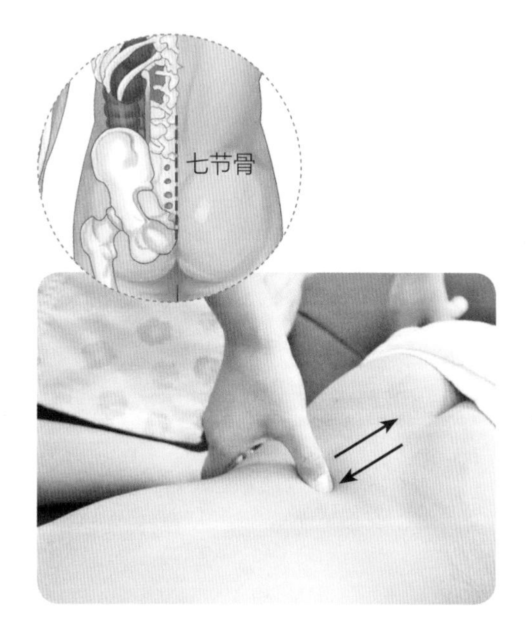

推七节骨 温阳止泻，泻热通便

精准定位：第四腰椎至尾椎尾骨端（长强）成一直线。

推拿方法：用拇指桡侧缘自下向上或自上向下直推宝宝七节骨穴50～100次。

取穴原理：往下推七节骨有泻热通便的功效；往上推七节骨能温阳止泻。对宝宝腹泻有调理作用。

婴儿湿疹

扫一扫，听音频

湿疹是怎么得的

婴儿湿疹俗称奶癣，是易发生在婴儿头面部的一种急性或亚急性皮肤炎症反应，好发于 2 ~ 3 个月宝宝的面颊、额部眉间和头部，严重时可累及全身。2 ~ 3 岁也是湿疹发作的高峰期，多在四肢关节屈曲的部位。

过敏是根源

湿疹是一种常见的、由多因素引起的过敏性皮肤炎症。也就是说，它的根源是过敏。食物过敏在婴幼儿中最常见，也就是宝宝吃的东西引起的过敏，比如有的宝宝对牛奶蛋白过敏，一喝普通配方奶就起疹子；有的宝宝对鸡蛋过敏，刚添加蛋黄湿疹就出现了。除了食物过敏外，吸入式过敏原比如尘螨，接触式过敏原比如真菌、化妆品、化纤用品等，也都可能引起过敏而导致湿疹。

除了过敏，某些外在因素，比如唾液和乳汁的刺激，环境湿热、干燥等因素，都可能成为湿疹发生和加重的诱因。

“过敏三部曲”

湿疹，很多人觉得就是宝宝身上长点疹子，大了就好了。其实过敏有三部曲，如果不重视小小的湿疹，很可能会给将来带来很大的烦恼。有资料提示，患有湿疹的婴儿将来合并过敏性鼻炎或哮喘的可能性较高。

著名的“过敏三部曲”

1 岁之内的宝宝过敏表现：以皮肤（湿疹）和胃肠道（肠绞痛、呕吐、便秘、腹泻、便血等）表现为主。

1 ~ 3 岁宝宝以上呼吸道表现：以鼻炎、结膜炎、腺样体肥大等为主。

3 岁之后宝宝以下呼吸道表现：以哮喘为主。

皮肤出现过敏反应比较明显，早期就能发现，而消化系统和呼吸系统出现过敏反应早期很容易被忽视。

宝宝湿疹预防及应对

防治湿疹，父母要做好长期作战的准备。因为在婴儿期湿疹很容易反复，尤其是有过敏家族史的宝宝。

有效的预防措施

1

最好能找到并避开过敏原。妈妈可以每天写日记，记录下自己和宝宝的饮食，积极寻找导致宝宝过敏的食物，避免进食。

2

宝宝的贴身衣物最好选择松软宽大的棉织品或细软布料，避免毛料、化纤制品等直接接触皮肤。

3

定期洗澡，帮皮肤保持清洁和湿润，但是水温不能过高，尽量少用化学洗浴用品，用清水洗就行。对于渗出型和干燥型湿疹，如果表面没有破溃，应该给宝宝用一些儿童专用保湿霜。如果湿疹表面已经破溃，就不能再用保湿霜了，以免继发感染。

4

保持室内空气新鲜，温度适宜。

5

减少患儿接触尘螨、花粉等过敏原。

6

勤剪指甲，可自制手套，避免患儿搔抓引起皮肤破损。

7

湿疹急性发病期禁止接种疫苗，减少出入公共场所，避免接触单纯疱疹患者。

出现湿疹了，如何应对

1 如果宝宝只是头部出现湿疹，可以不去处理，如护理得当，通常 6 周后会自然愈合。

2 症状很轻时，注意保持宝宝皮肤清洁、滋润，每天可在患处涂婴儿专用润肤霜，有助于缓解湿疹。也可用炉甘石洗剂，用时摇匀，取适量涂于患处，每天 2~3 次，或在洗澡时使用。症状反复或较为严重时，在医生指导下进行治疗，通常会给予激素类药膏，遵医嘱使用。

3 渐退的痂皮不可强行剥脱，待其自然痊愈，或者可用棉签浸熟香油涂抹，待香油浸透痂皮，用棉签轻轻擦拭。

4 患儿皮损部位每次在外涂药膏前先用生理盐水清洁，不可用热水或者碱性肥皂液清洗，以减少局部刺激。

5 患湿疹的宝宝怕热，湿热会使湿疹局部充血、发红、痒感增加。家中温度尽可能保持在 20~24℃。紫外线对皮肤刺激很强，因此不要让日光直射。穿衣要适度，跟大人一样就行，千万别捂着。

宝宝热性惊厥不要慌，掌握这些有备无患

热性惊厥，又叫热性抽搐，是宝宝对体温突然上升而产生的反应，典型表现为肌肉抽动，并伴随意识丧失，是婴幼儿时期比较常见的中枢神经系统功能异常的紧急症状，易发生于 6 个月至 5 岁的宝宝。过了 5 岁，宝宝的脑神经发育日益成熟，热性惊厥的发生就会减少。

小儿高热惊厥，如何急救

第一步：使患儿侧卧或头偏向一侧。家长宜将患儿侧身俯卧，头部稍微后仰，令下颌略向前突，或去枕平卧，并把患儿头部偏向一侧。另外，患儿惊厥发作时切忌给其喂水、喂药，以免宝宝发生窒息。

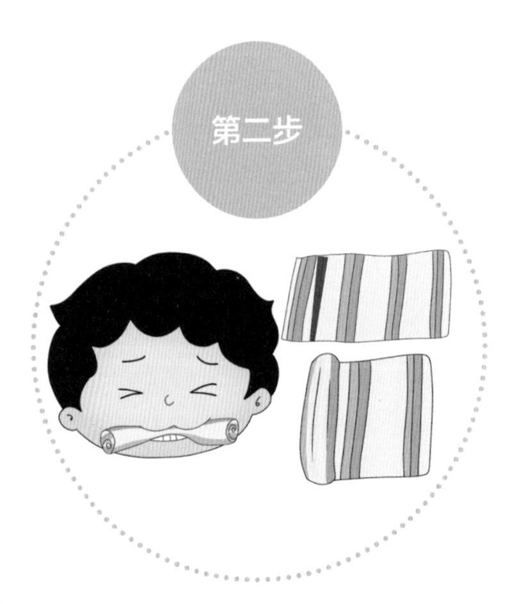

第二步：保持呼吸道通畅。解开患儿衣领，用软布或手帕包裹压舌板或筷子放在牙齿之间，防止他咬伤舌头，并用手绢或纱布清除患儿口、鼻中的分泌物。

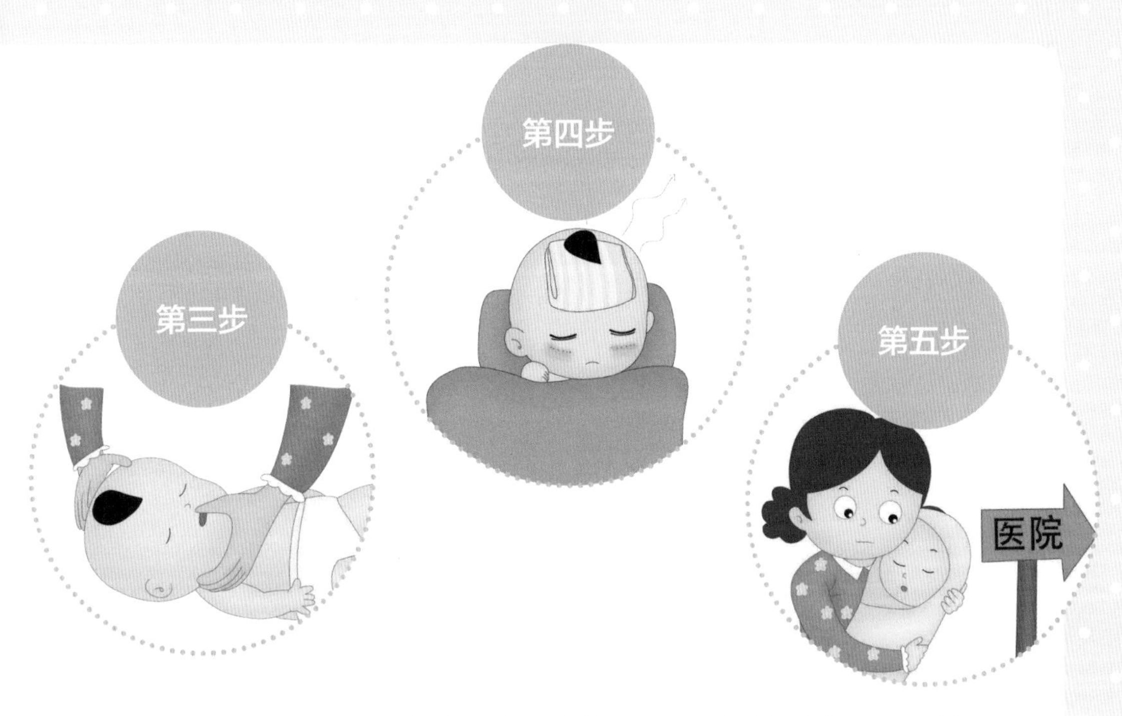

第三步：控制惊厥。用手指捏、按压患儿的合谷、内关等穴位 2 ～ 3 分钟，并保持周围环境的安静，尽量不搬动或少搬动患儿。

第四步：降温。在患儿前额、手心、大腿根处放置冷毛巾，并常更换；用温毛巾反复轻轻擦拭大静脉处，如颈部、两侧腋下、肘窝、腹股沟等。

第五步：症状缓解后及时送医。一般情况下，小儿高热惊厥 3 ～ 5 分钟即能缓解，建议家长等宝宝恢复意识后再送往医院，进一步查明惊厥的原因。但如果患儿持续抽搐 10 分钟以上还不能缓解，或短时间内反复发作，就应立即拨打 120 送医。

如何预防高热惊厥的复发

高热惊厥常有复发，在初次惊厥发作以后，25% ～ 40% 的宝宝在以后的热性病时会出现惊厥复发。在高热惊厥宝宝中，1/3 有第二次惊厥，其中的 1/2 有第三次发作。

复发预测主要是根据起病的年龄。初次发作在 1 岁以内的患儿复发率最高，大约 1/2 病例会复发。

如果是复杂性高热惊厥、家族中有癫痫病史者，复发机会更高。高热惊厥发作持续时间长，是其频繁发作的危险因素。

当宝宝体温超过 38.5℃时，妈妈就要及时为宝宝采取降温措施，尤其是曾发生过高热惊厥的宝宝，38℃时就要准备吃退烧药。

网络点击率超高的问答

宝宝不小心吃了过量的药，该怎么办？

梁大夫回复： 如果不小心给宝宝用错了剂量，要看是什么药。如果是抗生素，如青霉素类、头孢类药物，一次剂量用错，而且量不是特别多，对宝宝影响不大，可以多喝水，促进药物排泄。

有些药物使用过量会产生严重的不良影响，如镇静药、抗癫痫药、平喘药等。一旦用药过量，要赶紧带宝宝去医院，让医生做专业的处理。

糯米汤可治宝宝水样便吗？

梁大夫回复： 对于腹泻，妈妈首先看一下宝宝的大便是什么样的，是水样便还是有泡沫样的大便。

一般来说，如果宝宝拉的大便只是稀，问题不大。如果是水样便，可以用包粽子的糯米 15 克左右，炒成姜黄色，里头放点生姜、三四个红枣，熬米汤让宝宝喝，有助于治疗宝宝的水样便腹泻。但不是所有水样便用此方法都有用。长期腹泻须用无乳糖的配方奶。

如何给宝宝喂药？

梁大夫回复： 喂药时不要采取撬嘴、捏紧鼻孔的方法强行灌药，这样更容易造成宝宝的恐惧感，挣扎后很容易误吸。1 岁以内的宝宝使用小滴管喂药最适宜。宝宝吃药时，要选择半坐位姿态，轻轻把住宝宝四肢，固定住头部，防止喂药时误吸入气管。

宝宝频繁夜惊到底咋回事？

梁大夫回复： 4 岁以下的宝宝容易出现夜惊，但通常不会很频繁发生。建议首先带宝宝去医院神经科进行检查，做一下脑部磁共振，排除神经系统方面器质性病变的可能。

如果宝宝脑部及神经系统发育正常，这种症状可能属于阵发性抽动，并不是疾病的早期症状，家长不用太过担心。可以在每晚睡觉前，用热水给宝宝泡泡脚，然后再给宝宝做半小时的全身抚触，特别是晚上经常抽动的部位，如胳膊和腿部等，以促进血液循环。

宝宝语言的发展

从哭笑喊叫到流利说话

宝宝表情

体态语：宝宝的特殊语言

权威解读 《健康时报》关于宝宝的体态语言

父母对婴儿所说的话要做出反馈

人际交往能力的训练，应从婴幼儿的体态语言开始，人际交往的第一步是婴幼儿与母亲的交往，交往时最早使用的语言就是体态语言。父母对婴儿所说的话要及时做出反馈、愿意等待婴儿的反应、认真倾听等。

婴儿在学会说话以前，有着丰富的体态语。体态语包括面部表情和手势的变化。宝宝的体态语有些是天生的，有些是后天学习的。在宝宝 1 岁之内，有成千上万的信息是通过他的体态语言向父母传递的，父母应细心观察宝宝的体态语言，了解其心理需要。

先天体态语

常见的有：噘嘴表示“我不愉快”；笑表示“我很高兴”；哭喊表示“你没有满足我的要求”或“厌烦”；打哈欠表示“我困了，想睡觉”，或者“我感到很无聊”；身体打寒战表示“我觉得很冷”；用手推开物品，对不爱吃的食物会避开脸，表示“快拿走，我不想要”；手伸向某物品，或用手指指点某件东西向父母表示要求或示意“我想要这个”；伸手向人表示“我需要一个拥抱”等等。

后天肢体语言

点头，表示“要”或“好”，而接受喜爱的物品时在父母教导下也会以“点头”表示谢谢；摇头，表示“我不要”或者“这样不好”；挥挥手，表示“再见”；竖起大拇指，表示“真棒”；拍拍手，表示“真高兴”或“好棒”；用食指轻触嘴唇，表示“请安静”；用手指出他希望去的地方和方向，或用小手拍拍头，表示要求大人给他戴帽子带他出去；等等。

6个月

这时段会张开双臂，身体扑向亲人要求搂抱。若陌生人想要抱他，则转头将脸避开，表示不愿与陌生人交往。

7～8个月

这时段会以拍手和笑脸表示高兴，在父母教导下会用点头表示谢谢，对不爱吃的食物避开，并以摇头表示拒绝。

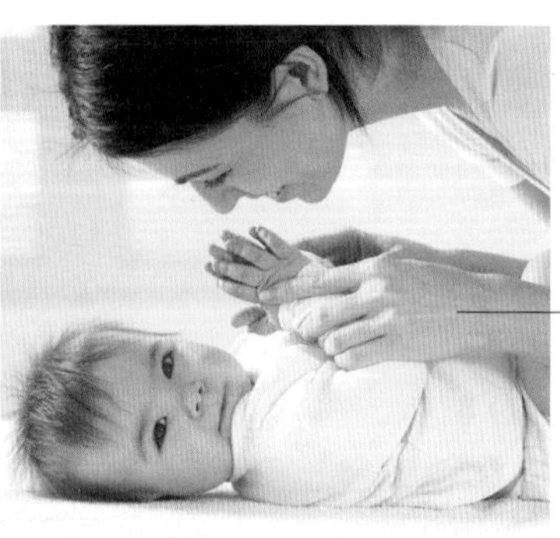

9～10个月

这时段会用小手指向想去的方向或地方，或用小手拍拍头，表示要戴帽子出去。

11～12个月

这时段除了以面部表情和动作来表示体语外，还会伴以各种声音，比如嘟嘟声（表示汽车），嘎嘎声（表示小鸭），以及用简单的单词音来表达自己的意愿。

读懂宝宝丰富的体态语

牵嘴浅笑

宝宝出生后就能发出自发性的微笑，这是一种本能的情绪活动，也是身体舒适的反应。2 个月后，宝宝喜欢母亲的爱抚、父亲的逗乐，得到满足后就会手舞足蹈，表现出兴奋和愉快的情绪，出现“社会性的微笑”。这种反应就是一种初步的交际形式。

宝宝笑的形态是突然发出的，短暂而快速，口角牵动，笑容骤现，同时伴随着满眼发光，两手晃动，接着笑容立即停止，等候大人的鼓励。

这时，父母应该笑脸相迎，用手轻轻抚摸宝宝的面颊，或在其面颊、额部亲吻一下，以示鼓励。这时，宝宝还会以微笑对父母的行为表示满意。婴儿的笑对其身心发展极为有利。

瘪嘴啼哭

婴儿的哭声是最初的心理语言。由于 6 个月前的婴儿不能用语言和动作来表达自己的需要和意愿，因此，啼哭是与情绪、感觉以及生理需求联系在一起的，作为一种表达方式用来表示他的身体状态和各种意愿，以引起父母的注意，达到满足其各种生理和心理需求的目的。

宝宝瘪起小嘴，好像受了委屈，这是啼哭的先兆，接着就是小声到大声的啼哭，这种表情和哭声其实是向大人诉说他的需求。譬如，肚子饿了要吃奶，寂寞了要人逗乐，厌烦了要大人抱起来换个环境或改变一种姿势。这时，细心的父母会观察到宝宝不同的哭声，揣摩出宝宝的要求，适时或及时地满足他的需求。喂他吃奶，和他逗乐，抱他到室外观看，或让他俯卧，扶他坐起来、爬一爬，改变他仰卧久睡的姿势等。

噘嘴、咧嘴

据研究，男婴通常以噘嘴来表示小便，女婴多以咧嘴或上唇紧合下唇来表示小便。父母若能及时观察到婴儿的嘴形变化和小便时的表情，就能摸清宝宝小便的规律，从而加以引导，有利于逐步培养宝宝的大小便自控能力和良好排便习惯。

懒洋洋

妈妈最怕宝宝饿着，但过量喂食显然也不是好事。怎么才能判断宝宝已经吃饱了呢？其实很简单。当宝宝把乳头或奶瓶推开，将头转一边，并且一副四肢松弛的模样，多半就已经吃饱了，妈妈就不要再勉强宝宝吃东西了。

脸红横眉

宝宝往往先是眉筋突暴，然后脸部发红，而且目光发呆，有明显的“内急”反应。父母应立即让宝宝解决“便急”。

爱理不理

表示想睡觉了。有时宝宝玩着玩着目光就变得发散，不像开始那么有神了，对外界的反应也不再专注，还时不时地打哈欠，头也转到一边不太理睬妈妈，这就表示他困了。这时，就不要再逗宝宝玩耍了，只要给他创造一个安静而舒适的睡眠环境就好。

伸舌吐泡泡

表示自己懂得玩：大多数宝宝在吃饱或换完干净尿布且没有睡意时，会自得其乐地玩弄自己的嘴唇、舌头或吮手指、吐气泡。这时，他愿意独自玩耍，不想别人打扰他。

眼神无光

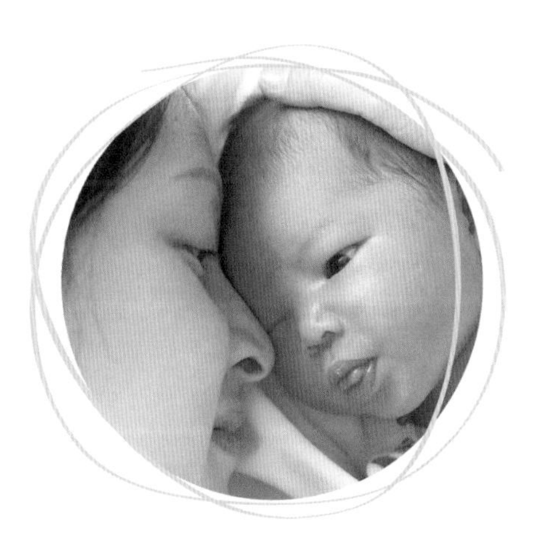

健康宝宝的眼睛总是明亮有神，转动自如。若发现宝宝眼神黯然无光、呆滞少神，很可能是宝宝身体不适。这时，父母要特别留意，发现疑问及时去医院检查，及早采取措施。

解读宝宝哭泣的意义

宝宝太小，还不会说话，哭是他表达自己的一种独特方式，新手爸妈知道各种哭声都代表什么意思吗？

类型	含义	表现	对策
健康性啼哭	妈妈，我很健康	健康的哭声抑扬顿挫，不刺耳，声音响亮，节奏感强，没有眼泪流出。不影响饮食、睡眠及玩耍，每次哭的时间较短	如果轻轻地抚摸他，或朝他微笑，或者把他的两只小手放在腹部轻轻摇两下，宝宝就会停止啼哭
饥饿性啼哭	妈妈，我饿了，要吃奶	这样的哭声带有乞求，声音由小变大，很有节奏，不急不缓。当妈妈用手指触碰宝宝面颊时，宝宝会立即转过头来并有吸吮动作，若把手拿开，不喂哺，宝宝会哭得更厉害	一旦喂奶，哭声就戛然而止。宝宝吃饱后不再哭，还会露出笑容
过饱性啼哭	哎呀，肚子好撑	多发生在喂哺后，哭声尖锐，两腿屈曲乱蹬，溢奶或吐奶。若把宝宝腹部贴着妈妈胸部抱起来，哭声会加剧，甚至呕吐	过饱性啼哭不必哄，哭可加快消化，但要注意溢奶
口渴性啼哭	妈妈，我口渴，给我点水喝	表情不耐烦，嘴唇干燥，时常伸出舌头舔嘴唇	给宝宝喂水，啼哭即会停止
意向性啼哭	妈妈，抱抱我吧	啼哭时，宝宝头部左右不停地扭动，左顾右盼，带有颤音。妈妈来到宝宝跟前，哭声就会停止，宝宝盯着妈妈，很着急的样子，有哼哼的声音，小嘴翘起	抱抱他，但是也不必一哭就抱起来，否则久而久之会养成依赖心理
尿湿性啼哭	尿湿了，不舒服	强度较轻，无泪，大多在睡醒或吃奶后啼哭。哭的同时两脚乱蹬	给宝宝换上干净的尿布或纸尿裤，宝宝就不哭了
寒冷性啼哭	衣被太薄，我好冷啊	哭声低沉、有节奏，哭时肢体稍动，小手发凉，嘴唇发紫	为宝宝加衣被，或把宝宝放到暖和的地方

续表

类型	含义	表现	对策
燥热性啼哭	盖太多了，好热	大声啼哭，不安，四肢舞动，颈部多汗	为宝宝减少衣被，移至凉爽的地方
困倦性啼哭	好困，但睡不着	啼哭呈阵发性，一声声不耐烦地哭叫，这就是人们常称的“闹觉”	宝宝闹觉，常因室内人太多，声音嘈杂，空气污浊，过热。让宝宝在安静的房间躺下来，他很快就会停止啼哭，安然入睡
疼痛性啼哭	扎到我了，好痛	哭声比较尖锐	要及时检查宝宝的被褥、衣服中有无异物，皮肤有无被蚊虫叮咬
害怕性啼哭	好孤独啊，我有点害怕	哭声突然发作，刺耳，伴有间断性号叫	害怕性啼哭多由于恐惧黑暗、独处、小动物、打针吃药或突如其来的声音等。细心体贴地照顾宝宝，消除宝宝的恐惧心理
便前啼哭	我要拉便便了	宝宝感觉腹部不适，哭声低，两腿乱蹬	及时为宝宝把便
伤感性啼哭	我感到不舒服	哭声持续不断，有眼泪，如没有及时给宝宝洗澡、换衣服、被褥不平整时，宝宝就会伤感地哭	常给宝宝洗澡，勤换衣被，保证宝宝处于舒适的环境中
吸吮性啼哭	吃着不舒服，好着急	多发生在喂水或喂奶 3 ~ 5 分钟后，哭声突然、阵发，往往是因为奶、水过凉或过热，奶嘴孔太小而吸不出奶、水，或奶嘴孔太大致使奶、水太冲而呛着等	检查原因，解决宝宝吃奶、喂水的障碍

语言的开发

0 ~ 6 个月语言的启蒙练习

促进宝宝的语言发育，其实从出生就可以开始了，唯有你的用心与耐心，才能让宝宝学得更快、更好！

新生儿“前言语方式”

新生儿一出生就听得见声音，特别喜欢妈妈唱歌的声音和一些悦耳动听的音乐。这是因为妈妈温柔的歌声和优美的音乐，以一种宝宝很受用的声波传入他的听觉器官——耳朵，使他成功地与外界建立起联系。这种婴儿在懂得语音之前，通过声音与外界建立信号联系的方式，心理学上叫婴儿的“前言语方式”。

婴儿“声音传感时期”

大约在半岁，宝宝会进入“声音传感时期”——开始对周围声响产生浓厚的兴趣，以致参与其中模仿声音的一段时期。

进入这一时期的宝宝尤其喜欢声音游戏。因此，家长应根据宝宝这个时期的特点注意以下几点：

1 多和宝宝用语言进行交流：例如洗澡时可跟宝宝说“这是眼睛”“鼻子在哪里”等。给宝宝换衣服、换尿布或纸尿裤的同时，可和他说说话。

2 多和宝宝玩一些有声音的游戏：宝宝靠在床上，家长站在宝宝面前，拿着玩具发出响声逗宝宝。家长随着玩具发出声音的快慢叫宝宝的名字。

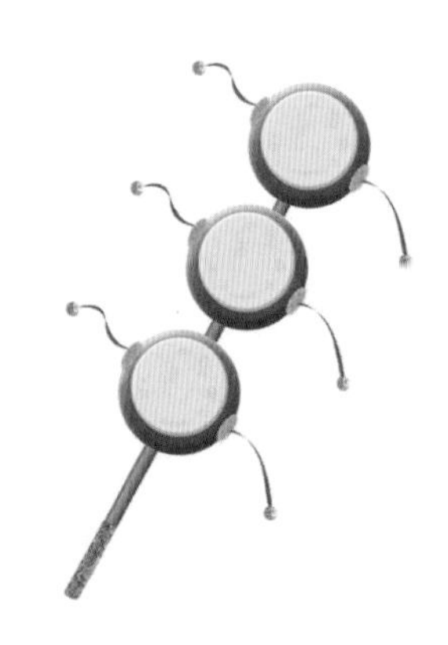

咦，哪里响：家长在宝宝看不见的地方晃动拨浪鼓，让宝宝找一找声音是从哪里发出来的，引导宝宝转头找拨浪鼓，并和宝宝一起玩拨浪鼓。

9 ~ 12 个月语言的模仿练习

9 ~ 12 个月是宝宝模仿学习的高峰期，这个时期，父母要教会还不会说话的宝宝一些表达自身意愿的肢体语言，有助于亲子之间的沟通交流，更有助于几个月后父母教宝宝开口说话。

这个时期的宝宝能够将语言和动作联想在一起，宝宝学会将“再见”的声音和动作与离开的行为如出门联想在一起。

父母可以利用宝宝爱模仿的特性，趁机教宝宝各种配合手势的单字，并经常练习。这个时期的宝宝喜欢玩一些将手、手臂、脸部表情、简单文字结合起来的手势游戏，如“拍拍手”。

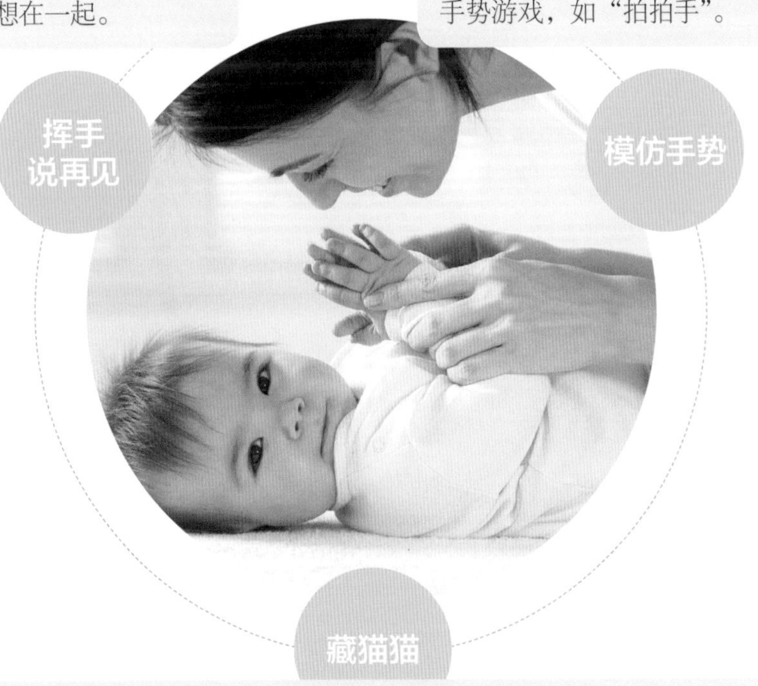

挥手说再见

模仿手势

藏猫猫

这个阶段的宝宝非常喜欢玩藏猫猫，父母可以和宝宝做一下这个小游戏，也许父母会惊奇地发现宝宝可以和你互动了。用一张卡片遮住脸，或用手帕盖住头，同时保持跟宝宝的声音交流，问宝宝：“妈妈在哪里？”当你把卡片从脸上拿开，或宝宝用手把你头上的手帕拉下来，宝宝再度看到你的脸时会非常开心。也可以盖住宝宝的头，妈妈装着找宝宝，这样会让宝宝更加兴奋。

语言学习

1～1.5岁，进入“单词句阶段”

随着宝宝年龄的增长，语言能力逐渐发展。一岁半以上的宝宝已经可以用正规的语言代替简单的单词，如“饼干”，不再说“干干”等。要充实和丰富宝宝的生活，扩大宝宝的眼界，引起他对周围环境和事物的兴趣，鼓励他用语言表达意愿。

父母注意说话技巧

使用标准普通话发音，不要用方言或儿语。因为普通话与将来宝宝入学后阅读及语言学习衔接较为连贯。当宝宝刚开始学习说话时，照顾者对宝宝说话应清晰且标准，让宝宝有正确的学习范本。注意，宝宝即使说不好，有表达意思的姿态即可，若刻意纠正发音，反而会抹杀好不容易培养的说话动机。只要他肯说话，发音不正确的缺陷久而久之会改善的。家长只要提供正确的说话模板即可。

听儿歌、看卡通

宝宝非常喜欢具有节奏的韵律及跳动的画面，建议可以带宝宝跟着音乐或画面一起唱唱跳跳，宝宝虽然不一定懂歌词的含义，但他非常喜欢这种律动，无形中也可培养宝宝区分字、词、音节的能力，对宝宝日后学习发音有很大的帮助。

适时鼓励

当宝宝会运用新的词汇时，别忘了马上鼓励他，这会让宝宝更有动力学习更多的词汇。

1.5～2.5岁，进入“多词句阶段”

宝宝的语言能力大部分是环境造成的，父母应尽可能在宝宝语言快速发育阶段为他们输入更多的词汇。对宝宝说的话越多，越能让他学会如何更好地表达。让他多听、多看、多问、多想、多说，通过多种形式，如看图片、看儿童电视节目、讲故事、学唱歌、做游戏等，丰富宝宝的词汇量。

1 使用概念用语

对于一岁半以后的宝宝，父母可以配合日常生活所发生的事情，随时让他理解概念用语的含义和用法。例如“上下”，可跟他说“把苹果放在桌子上”；“中间”可说“宝宝坐在爸爸和妈妈中间”；“快慢”可说“车子跑得好快”等，一旦宝宝对这些基本概念有了初步的了解，就能更恰当地使用文字叙述。

2 多用宝宝熟悉的句子

在教唱儿歌、看故事书、剪纸花等各种活动中，鼓励宝宝学说话，多为他提供说话机会。和他们说话要用他们熟悉、听得懂的句子。对语言发育迟缓的宝宝，更应启发、鼓励他们多说话。

3 带宝宝买东西

带宝宝外出购物，和宝宝一起挑选商品，即使只有少量物品，也能让宝宝有参与感，了解商品名称及学习更多的字，还可以借此增强宝宝的记忆与观察能力。

4 鼓励宝宝说出自己的所见所闻

宝宝对于外面新鲜的事物很好奇，不妨尽量多带宝宝出去走走。回家后，也可以和宝宝讨论外出时发生的事情。宝宝都喜欢外出活动，他们会牢记外出等对于他们来说比较特别的事物，有利于宝宝学习更多的词句。

梁大夫直播间

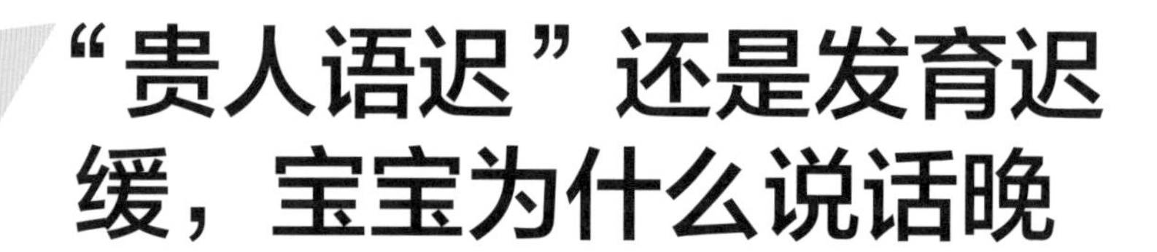

“贵人语迟”还是发育迟缓，宝宝为什么说话晚

现在很多宝宝 2 岁后才讲话，虽然听得明白，但就是怎么逗都不肯开口。对此，不少老人表示“贵人语迟”是好现象，宝宝将来一定聪明又富贵！不少年轻父母却提心吊胆，眼见别人家宝宝说话那么溜，自家宝宝怎么还不舍得吭声呢！

宝宝说话晚与聪明富贵没关系

其实，“贵人语迟”出自论语的“贵人语迟，敏于行而不讷于言，泰山崩于前而色不变，麋鹿兴于左而目不瞬”。它的原意是指很多有谋略的人不善言谈却心中有数、行动迅猛，又称“贵人不出语”。在民间演变为小孩说话晚可能是“贵人”。

说话晚的宝宝，排除发音器官器质性病变外，很可能是因个体差异等原因所致，其智商其实与说话早的宝宝没有多大差别，但由此推断这样的宝宝更聪明或更命好，这种说法毫无科学依据，只是大人的美好寄愿。

大部分“说话晚”属于正常范畴

大部分宝宝说话晚属于正常范畴，宝宝语言发育晚可能与先天遗传、周围环境、父母语言行为等有关。如很多宝宝的父母小时候也是 2 岁后才说话；宝宝也可能受周遭环境的影响，开口发音稍迟一些。

语言环境对于儿童的语言发育非常重要，“狼孩”就是儿童语言环境被剥夺的典型例子，之后即使返回人类社会，怎么教也无法再准确掌握语言。所以，学习语言的快慢与宝宝所处的生活环境密不可分，如果脱离了好的语言环境，可能会迟迟难以开口说话，或发音不标准。

小部分“说话晚”因疾病所致

小部分宝宝说话晚是因为疾病所致，应引起重视。导致儿童语言发育障碍常见的疾病有：听力障碍、唇腭裂、舌系带异常、脑瘫、智力低下、孤独症、脑外伤及脑炎后遗症等，包括部分遗传代谢性疾病。若发现宝宝有语言发育明显异常现象，应努力查找病因，及早就医。

儿童语言障碍：语言发育迟缓和构音障碍

语言发育迟缓

即发展的起点迟、发展的速度慢、达到的水平低。也就是说，一般正常宝宝在 1 ~ 1.5 岁时已经有明显的语言能力发展，而语迟的宝宝语言能力发展在时间上要晚许多。说话晚（2 岁后才开始），3 岁不能说句子，言语简单，词汇贫乏等都属于这个范畴。

构音障碍

是指由于发音器官神经肌肉的病变或构造的异常使发声、发音、共鸣、韵律异常。表现为宝宝发声困难，发音不准，咬字不清，声响、音调及速率、节律等异常和鼻音过重等言语听觉特征的改变。

宝宝如有语言障碍，必须及早治疗。3 岁之前是脑发育最快的时期，这个时期脑的可塑性最强，因此儿童语言障碍治疗越早越好。

正常宝宝语言发育时间表

1 ~ 3 个月	啼哭，轻轻发声，咿呀发声，尖叫，发笑
3 ~ 6 个月	以不同的声音表达不同的感受，对大人的话以发音作为回答，发出辅音与元音的组合音，模仿大人发出连续的音节
6 ~ 9 个月	模仿讲话，与母亲有意识地对话
9 ~ 12 个月	准确地运用“妈妈”“爸爸”两词，模仿新的声音，模仿字、词发音近似准确，主动与别人进行极简单的语言交流
12 ~ 18 个月	发音时出现声调变化，开始使用“这个”。当被提问“这是什么”时，能说出物体的名称，以手势表达需要，能说出 4 ~ 6 个字的词组，模仿说短句

网络点击率超高的问答

能用儿语和宝宝说话吗?

梁大夫回复： 儿童语言发展有其自身的阶段性，一般都是经历单词句(用一个词表达多种意思)、多词句(两个以上的词表达意思)、说出完整句子这几个阶段，父母应了解这一规律。

1岁宝宝“牙牙学语”期间，家人采用“幼稚”的语言，宝宝学说话会更快。这也是很多家长和老师为什么会用叠词形容事物，如“花花”“虫虫”等，因为这样对于语言启蒙阶段的宝宝来说更易朗朗上口。宝宝长到2岁以后，就能说简单的句子，这时父母还是用儿语与宝宝讲话，很可能会拖延他过渡到说完整话的阶段。

蹒跚学步时，宝宝学说话更快?

梁大夫回复： 蹒跚学步的小宝宝喜欢被关注，所以父母要拿出时间来和宝宝说话，并且倾听他的声音。研究表明，这个年龄段的小宝宝，只要每天2～3次、每次15分钟和宝宝说话、唱歌或者阅读，就能够提高宝宝的发音技能。

如何纠正宝宝错误的发音？

梁大夫回复： 由于宝宝发音器官发育不够完善，听觉的分辨能力和发音器官的调节能力都较弱，还不能正确掌握某些音的发音方法，不会运用发音器官的某些部位，因此很多时候还存在着发音不准的现象，如把“吃”说成“七”，把“狮子”说成“希儿”，“苹果”说成“苹朵”，等等。对于这种情况，父母不要学宝宝的发音，而应当用正确的语言与宝宝说话，时间一长，在正确语音的指导下，宝宝的发音就会逐渐正确。

宝宝2岁多了能背唐诗吗?

梁大夫回复： 3岁前的宝宝，动作思维是其主要特点，发展动作的协调性、灵活性，学会听懂、理解成人的生活性语言，并表达自己的生活需求是主要任务。此阶段的幼儿尚不能接受成人安排的学习内容，学习唐诗、宋词等没有必要。当然，也要根据每个宝宝的发育特点，顺其自然就好。

3岁后的幼儿，语言表达能力有了较大的发展。此时，可以逐步让他接触唐诗、宋词、三字经等教育。

宝宝的运动发展

好体质从小就要培养

大动作训练

挖掘宝宝的运动潜能

其实，宝宝是通过感觉与运动来认识世界的，这些具体的身体动作可以转化为脑的活动，进而促进脑部发育。如果宝宝早期缺乏运动，将来身体健康、智力、学业等多方面都会受到影响。

0 ～ 6 岁是培养“体商”的敏感期

有意识地对宝宝进行抬头、翻身和坐姿训练。不可以让宝宝跪坐，最佳的坐姿是双腿交叉向前盘坐。

学习各种需要身体协调的、比较精细的动作，如上下楼梯，自己穿衣服、系鞋带等，陪着宝宝玩剪纸、捏橡皮泥等游戏。

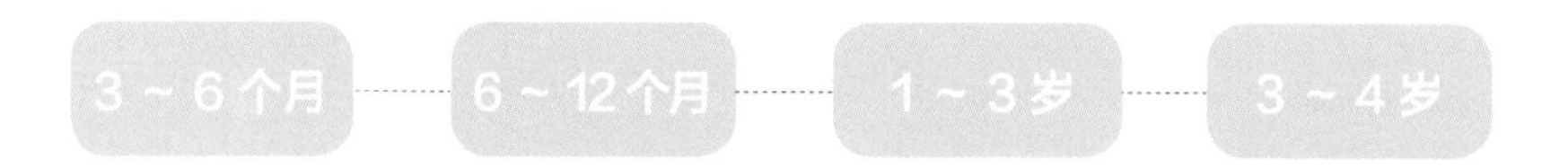

帮助宝宝做好爬行和站立训练。不要过早让宝宝站、跳，这样不利于骨骼发育。

不妨鼓励宝宝扮演小兔子、小猫、小熊等，在不知不觉中练习走、跑、跳、投等运动技能。

运动跟吃饭一样重要

好动是宝宝的天性，先让宝宝学会使用身体，才能充分发挥智能。宝宝过剩的精力如果得不到很好的发泄，还会出现好动、淘气等行为，进入幼儿园可能会被老师贴上“多动症”的标签。

所以对宝宝来说，运动、玩耍就是学习，玩不好，就学不好，家长应该像对待宝宝一日三餐那样认真带宝宝一起玩游戏。当然，鼓励男孩多运动，并不是说女孩就要文静乖巧。家长也应打破对女孩的刻板印象，多鼓励女孩在运动中发展自己。

婴幼儿动作发育特点

1个月
俯卧时尝试着要抬起头来

2个月
扶坐时能抬起头来

3个月
俯卧时用肘能支起前半身

4个月
扶着两手或髋骨时能坐

5个月
坐在妈妈身上能抓住玩具

6个月
扶着两个前臂时能站得很直

7个月
会爬

8个月
自己能坐

9个月
扶着栏杆能站起来

10个月
推着推车能走几步

11个月
拉着一只手走

12个月
自己会站立

12 ~ 14个月
自己会走

15个月
会蹲着玩

18个月
会爬上小梯子

2岁
会跑、会跳

3岁
会两脚交替上下楼梯

宝宝大运动发育的时间

扫一扫，听音频

权威解读

世界卫生组织关于宝宝大运动发育第一次出现时间的研究

能独坐：一般在 6 ~ 7 个月，可以早到 5 个月，也可以晚到 9 个月，即年龄跨度在 5 ~ 9 个月。

学会扶站：一般在 8 ~ 9 个月，年龄跨度在 7 ~ 11 个月。

学会用手和膝爬：一般在 9 ~ 10 个月，年龄跨度在 5 ~ 13 个月。

能扶走：一般在 10 个月，年龄跨度在 6 ~ 14 个月。

学会独站：一般在 12 个月，年龄跨度在 7 ~ 17 个月。

学会独走：一般在 12 ~ 13 个月，年龄跨度在 8 ~ 18 个月。

这六项大运动发育指标对于判断宝宝运动发育的进程非常重要。妈妈可以对比一下，评估自己宝宝的发育进程。

如果在以上应该学会独坐、扶站、爬、扶走、独站、独走的年龄还不会时，要多为宝宝创造练习的机会，特别是当宝宝在相应的年龄段仍然迟迟不会时，一定要引起重视，带宝宝到专业机构寻求帮助。

延伸阅读

运动发育——从上到下，从粗到细

宝宝的运动发育遵循从上到下、从近到远、从粗到细的顺序。宝宝都是先学会抬头，接着会坐和爬，然后才能站和走，也就是从上到下地发育；从手脚乱动发展到能有目的地伸出手或脚，也就是先能控制手臂和大腿，然后才能控制手和脚；从用全掌一把抓起玩具到准确地用拇指和食指拾起细小的糖豆等，从粗到细；还有，宝宝都是先学会上楼梯，然后才学会下楼梯。

翻出新天地

翻身是宝宝的第一个移动手段，更为重要的是，宝宝自出生之后一直是仰卧的，只能看到眼睛上方的世界，当他趴着抬起头的时候，他能看到完全不同的一幅新鲜画面，能够用同大人一样看这个世界。

2~3 个月

宝宝可伸展背柱从侧卧到仰卧位。

4~5 个月

宝宝可有意识地将身体从侧卧位翻至仰卧位。

5~6 个月

宝宝能从仰卧位翻至侧卧位或从俯卧位至仰卧位。

6~8 个月

宝宝可伸展上肢或下肢，连续从仰卧至俯卧位，再翻至仰卧位。

协助宝宝顺利坐起来

通常宝宝会先靠着，呈现半躺坐的姿势，接下来身体会微微向前倾，并用双手在两侧辅助支撑。宝宝坐起来需要有强壮的背部肌肉作基础。

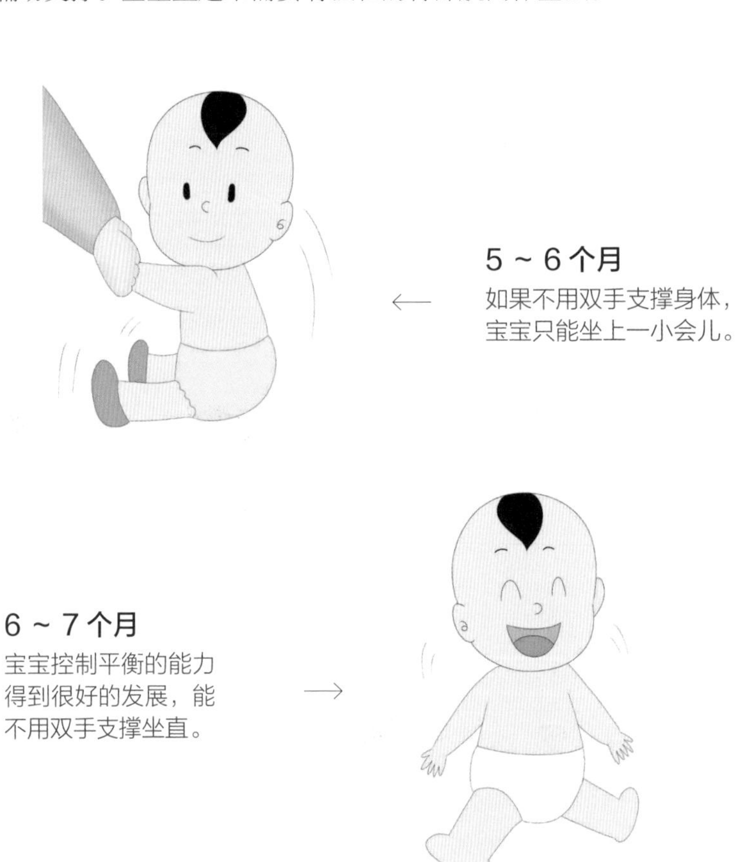

5 ~ 6 个月

如果不用双手支撑身体，宝宝只能坐上一小会儿。

6 ~ 7 个月

宝宝控制平衡的能力得到很好的发展，能不用双手支撑坐直。

8 个月以后

宝宝可以坐得很稳，还会身体前倾，伸手抓玩具。他会用左手去抓身体右侧的玩具，反之亦然。这说明宝宝已经具备一定的协调能力。

妈妈可以这样做

1

4个月时练习拉坐。宝宝仰卧时，妈妈握住宝宝双手腕部，慢慢将其从平卧位拉至坐位，然后再慢慢放下，反复练习几次。

2

5个半月时练习靠坐或依坐。让宝宝靠在沙发背上或妈妈胸前倚坐，也可用枕头垫住宝宝背部或两侧（以防倾倒）进行训练。一开始，宝宝会出现向前倾或侧倾，但经过一段时间的练习，宝宝可慢慢离开依靠物，独自稍坐片刻。

3

到了6个月，可在宝宝前面放一些玩具，逗引他自己抓取然后拿在手中玩耍。但如果倾倒了，却无法自己恢复坐姿，一直要到8个月大时才能不用任何辅助，自己坐稳当。

妈妈可将宝宝练习坐的空间用护栏围起来，里面随意放置一些宝宝喜欢的玩具促使宝宝自主练习。

不要让宝宝采取跪姿使两腿形成“W”状或将两腿压在屁股下，这样容易影响将来腿部的发育，最好的姿势是采用双腿交叉向前盘坐。

有些宝宝坐着时背脊会产生突出的情形，这可能意味着宝宝太瘦了；但如果发现在背脊突出处有皮肤颜色异常的状况，妈妈最好小心留意，或带宝宝去医院检查是否属于骨骼发育问题。

育儿专家提醒

注意宝宝练习坐的环境

1. 当宝宝会坐时，切不可让他单独坐在床上，尤其是不能靠近无护栏的一侧，以防宝宝动作过大而摔下床。
2. 宝宝坐的周围要有柔软的保护物，如沙发垫、被子等，避开墙、柜子等地方，以防倾倒时磕碰到宝宝。

让宝宝尽情地爬吧

爬是体现宝宝发育差异特征性的表现，首先不是每个宝宝都要经历爬，其次宝宝学爬的时间比较长，通常是在宝宝 7 ~ 10 个月，但实际上对于爬没有固定的早或晚的标准，只要宝宝按照自己的发育进程发展就可以了。

↑

8 个月左右

宝宝开始学习主动向前爬，而且爬的姿势也是多种多样。在学习爬行的初期，几乎都是以手脚并用的移动方式，而且向后退的距离远比向前的多。此后，宝宝慢慢会用手肘匍匐前进，而且腹部贴着地面，只是速度有点慢。

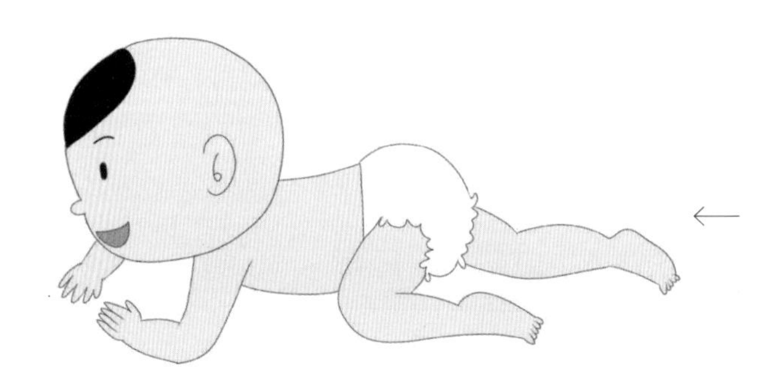

←

9 ~ 10 个月

宝宝的身体可以慢慢离开地面，采用两手前后交替的方式，开始顺利往前爬行。

妈妈可以这样做

1

让宝宝俯卧在铺满地毯或地垫的房间，在他面前约 40 厘米的地方放一个新奇的玩具，促使宝宝自己移动身体得到玩具。同时，妈妈用温柔的话语来鼓励宝宝，和宝宝一起加油使劲，直到宝宝“够”到这个玩具，并让他玩一会儿，以满足他的好奇心与成就感。

2

将玩具放在离宝宝更远一点的地方，约 150 厘米，鼓励他自己过去够取。如果宝宝表现出有一丝为难或者力不从心，妈妈不妨双手握住宝宝的双脚，给他些助力帮他向前爬行。或者妈妈也可以蹲在宝宝对面，手持玩具逗引宝宝往前爬，同时妈妈不断后退，有玩具和妈妈的双重诱惑，宝宝学爬的兴趣会更大。

3

爬行障碍赛。妈妈在宝宝爬行的路途中放置一个枕头来增加爬行的难度，然后和宝宝来一场爬爬大赛。适当提高难度，会激发宝宝的征服欲，再加上有了妈妈的参与，练习爬行似乎成了一件快乐的事。

育儿专家提醒

为宝宝营造一个安全的爬行环境

1. 以宝宝视线的高度来确认周围事物及环境是否安全。容易磕碰的地方要贴上防撞条，并对宝宝活动的区域进行清理，有台阶的地方也要加上防护栏。
2. 宝宝到处爬行的过程中很可能会爬到插座附近，如不小心，将有触电的危险。妈妈不妨将家里的插座全部换成安全插座。
3. 宝宝爬行的地方必须软硬适中，摩擦力不可过大或过小，可以在地板上铺些环保塑料软垫，为宝宝营造一个安全舒适的爬行环境。

怎么做走得好

宝宝的蹒跚学步是迈向独立的关键一步。有一天，宝宝靠着沙发站着，或者他正扶着沙发挪动，接下来，他会犹犹豫豫地朝着你伸开的双臂摇摇晃晃地走了过来。从此宝宝一发不可收拾，开始走向更为广阔的天地。

10 ~ 11 个月

宝宝一旦能自己站稳，就迫不及待地想迈出第一步。

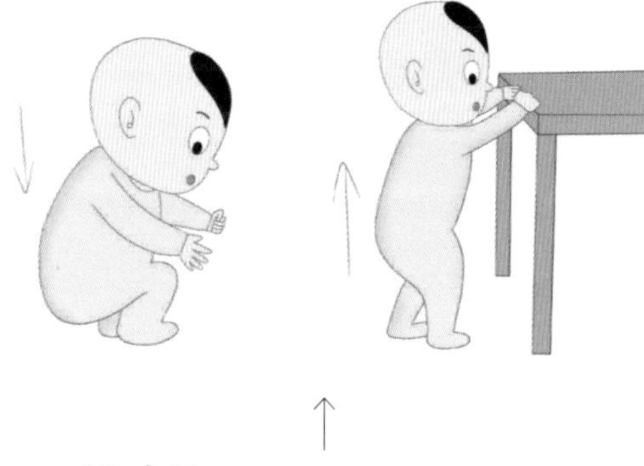

12 个月

宝宝不停地蹲下、站起，他通过这些动作来加强自己腿部的肌力，训练身体的协调性。

12 ~ 13 个月

宝宝扶着东西能够走得很好，还时常大胆放开手走上一两步，寻找平衡的感觉。

13 ~ 15 个月

宝宝已经能自己独立行走了，妈妈要小心那些和宝宝同等高度的物品，别磕碰到宝宝。

妈妈可以这样做

1

到了10个月左右时，宝宝开始能自己扶着家具站起来了，所以，一定要确保宝宝能接触到的东西都是牢靠稳固的。妈妈每天可以抽出一些时间，鼓励宝宝扶着你的手、小腿、床栏杆或小桌子学习站立。

蹲是宝宝学会走路前很重要的一个发展过程，等到宝宝能够很好地独自站立后，妈妈就可以有意识地训练宝宝蹲站了。妈妈双手扶着宝宝，让宝宝蹲下来，把一件掉落在地上的玩具拾起来，然后再慢慢站起来。这样反复的练习可增强宝宝腿部的肌力及身体协调性。

此时大多数宝宝还无法独自行走，需要妈妈扶着腋下向前走，这是家长最辛苦的一段时间，要弯着腰，保护宝宝不停地走。或者妈妈还可以拿着宝宝感兴趣的东西吸引他，鼓励他扶着床沿或沙发自己走过来。

2

宝宝14个月大时，妈妈可以跪在宝宝面前，伸出双手，鼓励他向你走过来。或者双手分别握住宝宝的两只手自己边后退，边鼓励宝宝向前走。有些宝宝可能喜欢扶着小推车或其他一些玩具练习走路，并在这一过程中学会变换身体重心。

3

15个月以后，大部分宝宝都已经能自己走路了，只不过还是摇摇晃晃的。最好让宝宝在距自己一臂的范围内自由活动，以便遇到危险时可及时保护宝宝。

育儿专家提醒

牵着宝宝学走路并不好

1. 宝宝的身体可能还没准备好。过早帮宝宝学站学走，会对脊柱、下肢造成不必要的损伤，家长千万不要主动扶着宝宝学站学走，不要互相攀比，每个宝宝有自己的发育历程。
2. 不利于宝宝前庭平衡能力的发展。当你看到宝宝扶着沙发，迟迟不敢迈出一步，其实他的小脑袋正在思考如何控制平衡才不会出现跌倒的情况、先迈哪只脚会走得更稳一些。此时不要随意打乱宝宝自己的“安排”，随意牵着宝宝走。

精细动作发展

权威解读 《中华医学杂志》关于早期精细动作技能发育促进脑认知发展的研究

精细动作能力的发展对儿童具有重要意义

3 岁前是宝宝精细动作能力发展极为迅速的时期。精细动作能力是儿童智能的重要组成部分，是神经系统发育的一个重要指标。早期精细运动技能的顺利发育和有效发展可能利于早期脑结构和功能的成熟，进而促进认知系统发展。

3 ~ 4 个月
握持反射消失后手指可以活动

6 ~ 7 个月
出现换手与捏、敲等探索性动作

9 ~ 10 个月
可用拇、食指拾物，喜欢撕纸

12 ~ 15 个月
学会用匙，乱涂画

18 个月
能叠放 2 ~ 3 块积木

2 岁
可叠放 6 ~ 7 块积木，会翻书

亲子游戏

1～3个月宝宝亲子游戏

摇摇小手

操作方法

1. 让宝宝倚着枕头或被子躺下，也可以将宝宝抱在妈妈怀中，让宝宝正对着妈妈，然后举起宝宝的小手在宝宝面前晃动，引起他的注意。
2. 妈妈可以提前准备简单的儿歌，或自己随意编几句有节奏感的句子，如“小手真乖，小手摇一摇，小手快跑”“小手飞呀飞，小手摇啊摇，小手跳啊跳”等，然后一边哼儿歌，一边举起宝宝的一只小手轻轻晃动，让宝宝的小手跟着儿歌的节奏摇动。

注意要点 妈妈在拉着宝宝的小手做各种动作时一定要轻柔，以免扭伤宝宝的胳膊。

运动好处 让宝宝感受到肢体运动的节拍和速度，锻炼宝宝胳膊的力度，从而锻炼宝宝的大动作能力。

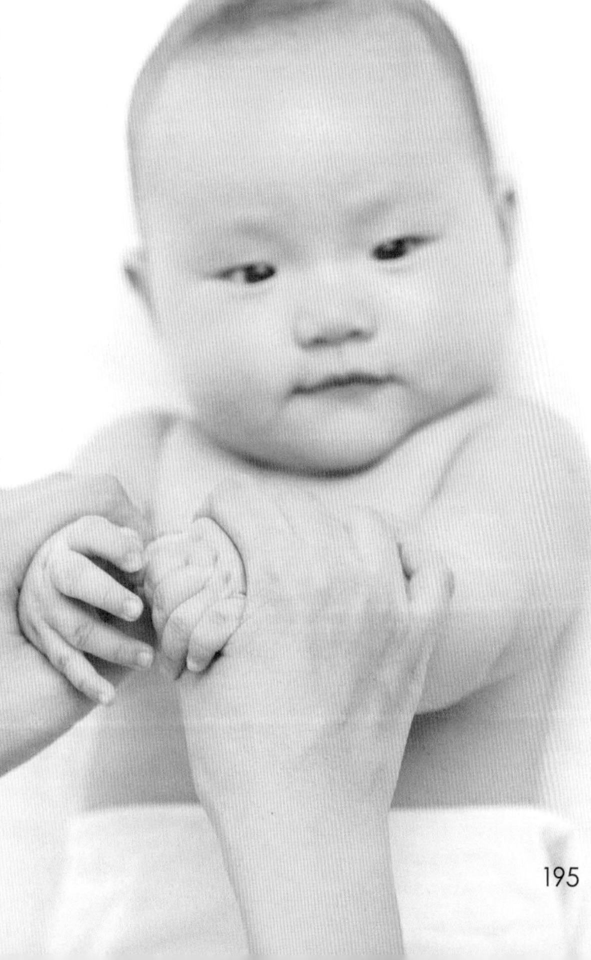

宝宝打水操

操作方法 让宝宝平躺，握住宝宝的双脚脚踝。先将宝宝的左脚上下摇一次，再将宝宝的右脚上下摇一次，如同双脚打水状。也可以在宝宝的脚踝处施力，先弯曲、伸直宝宝的左脚，再弯曲、伸直宝宝的右脚，反复 10 次。

注意要点 妈妈在抓握宝宝的双脚时不要用力，动作幅度不要过大，以免弄疼宝宝。

运动好处 通过为宝宝辅助做打水操，可以锻炼宝宝的腿部力量、促进宝宝腿部肌肉发育，提高大运动能力。

拨浪鼓响咚咚

操作方法 妈妈手摇拨浪鼓吸引宝宝的注意力，当宝宝张开小手时，妈妈把拨浪鼓手柄放到宝宝的小手中，鼓励宝宝抓握。当宝宝握住玩具时，妈妈可以这样说："宝宝抓到喽，宝宝真棒！"

注意要点 妈妈要经常检查拨浪鼓两旁的弹丸是否牢固，防止其因不牢固掉落而被宝宝吞食。

运动好处 锻炼宝宝的抓握能力和观察力，对宝宝的手眼协调性、视觉发育也大有裨益。

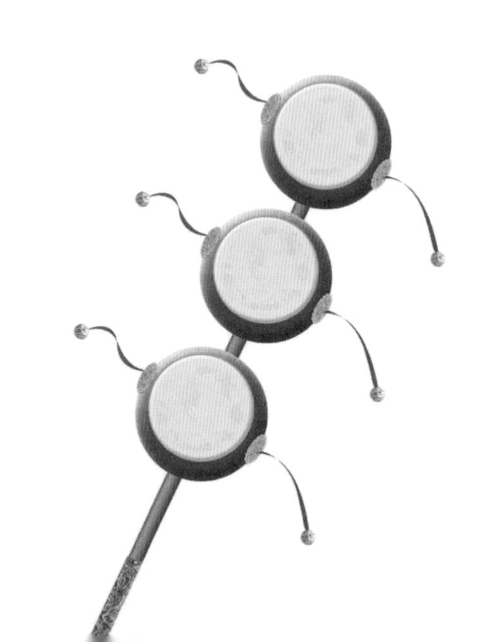

3～6个月宝宝亲子游戏

挠挠手脚心

操作方法

1. 将宝宝放在床上平躺，脱掉宝宝的鞋袜。
2. 妈妈将手洗干净，拉着宝宝的小手，用食指和中指在宝宝的手心里轻轻划动，给宝宝制造一种瘙痒感，宝宝会摇着小手躲开或攥住小手。
3. 也可用一块小黄瓜或其他东西代替手指，来丰富宝宝的触觉。
4. 再用同样的方法刺激宝宝的脚心。妈妈可在做游戏时哼唱一些儿歌，如“小手心，大指头，划过来，划过去”等。

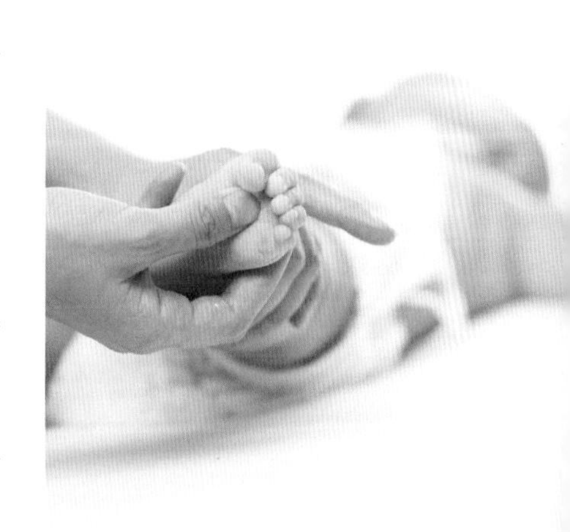

注意要点 爸妈要留意力度，也要当心自己的指甲伤到宝宝。

运动好处 让宝宝练习此游戏，宝宝会感到很快乐。

宝宝敲响鼓

操作方法 让宝宝坐在妈妈怀里，在前面放一个小平鼓，给宝宝一根鼓棒，妈妈拿一根鼓棒，和宝宝一起敲击。宝宝不会时，妈妈可先示范，并握住宝宝的手去敲，慢慢地，宝宝就会模仿。妈妈边敲边要语言跟进，让宝宝理解“敲”的动作。

注意要点

1. 也可以让宝宝敲小玩具琴。
2. 5个月的宝宝一开始只会单手敲击。

运动好处 通过让宝宝敲击，锻炼宝宝手部的运动能力，培养宝宝手眼协调能力。

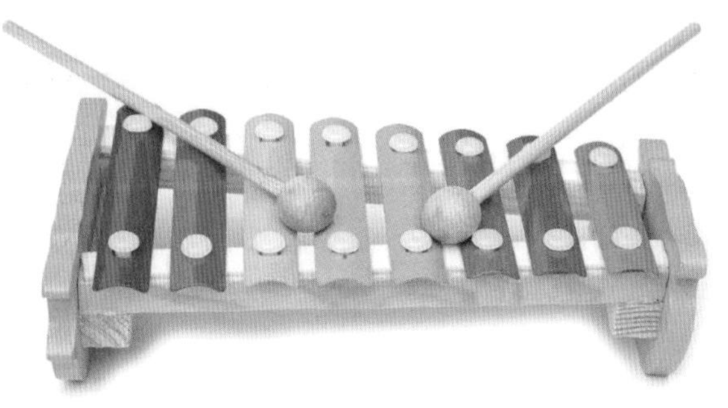

6～9个月宝宝亲子游戏

小宝宝，坐墙头

操作方法

1. 妈妈坐在地板上，将宝宝放在屈起的膝盖上。
2. 告诉宝宝："我们开始唱歌啦！小宝宝，坐在墙头，笑呀笑呀笑笑笑。小宝宝，掉下墙头，哭啊哭啊哭哭哭。"
3. 随着儿歌的节奏抬起脚尖，让宝宝有一种被弹起的感觉，当唱到"小宝宝，掉下墙头"时，伸直腿让他也"掉下来"。让宝宝明白"掉"的感觉和"掉"这个词的联系，加深其记忆。

注意要点 宝宝7个月大时，能发出"大大、妈妈"等双唇音，能发出咳嗽声或咂舌声，并且能对熟人以不同的方式发音，对熟人发出声音的力量和兴奋程度与陌生人相比有明显的区别。

运动好处 通过反复练习有助于增强宝宝体力，并增强其语言的记忆力和理解能力。

丁零零，电话来了

操作方法

1. 让宝宝靠坐在床上，妈妈坐在对面。妈妈扮演两个角色，演示妈妈和宝宝的对话。
2. 妈妈拿起玩具电话，对着电话说："喂，宝宝在家吗？"然后帮助宝宝拿起电话，说："丁零零，来电话了，宝宝来接电话了！"
3. 妈妈在"电话"中要尽量强调宝宝对生活常用词的理解和认识，如"饿了""高兴""漂亮"等。

运动好处 妈妈用打电话的形式能调动宝宝对语言的兴趣，帮助宝宝认识一种与人交流的新形式，提升其人际交往的能力。

眨一眨，摇一摇

操作方法

妈妈与宝宝面对面坐着，对宝宝说："小眼睛眨一眨。"同时妈妈要做出眨眼睛的动作，并要求宝宝跟着做。

宝宝做完这个动作后，妈妈再对宝宝说："小手摇一摇。"同时自己做，也让宝宝模仿。接着妈妈再说："小脑袋摇一摇。"同时鼓励宝宝也跟着妈妈一起摇摇头，并适当给予夸奖。

运动好处 训练宝宝的模仿能力、记忆能力与注意力。

9 ~ 12 个月宝宝亲子游戏

小瓶体操

操作方法

1. 让宝宝双手各拿一个小矿泉水空瓶，最好拿在瓶口处，盖好瓶盖。和宝宝一起有节奏地敲起来，一边敲打一边配合简单的动作。
2. 唱儿歌：

我的小瓶敲一敲，我的小瓶举起来（向上伸直）；
我的小瓶敲一敲，我的小瓶张开来（伸一字形）；
我的小瓶敲一敲，我的小瓶放下来（敲敲地面）；
我的小瓶敲一敲，我的小瓶藏起来（放在背后）；
我的小瓶敲一敲，我的小瓶转起来（让宝宝举着瓶子转一圈）。

注意要点 注意宝宝的安全，并且关注宝宝的情绪。如果宝宝的兴致不高，可以把儿歌声音放大，这样容易吸引宝宝的注意力，形成良好互动。

运动好处 训练宝宝的节奏感和记忆力，训练其听觉能力、语言能力和动作的协调能力。

小手拍拍

操作方法

宝宝背靠妈妈前胸坐好，妈妈说儿歌，双手扶宝宝小手配合儿歌做动作：

小手小手拍拍，我的小手向上拍；小手小手拍拍，我的小手向下拍；小手小手拍拍，我的小手藏起来。

注意要点 在和宝宝做游戏时，动作要缓慢一点儿，以适合宝宝的接受能力为宜。

运动好处 训练宝宝空间方位认知、双手配合能力。

拔河

操作方法

1. 准备一只弹力袜，宝宝坐在床上，妈妈坐在宝宝的背后保护宝宝。
2. 爸爸抓住袜子的一端，宝宝抓住袜子的另一端。爸爸轻轻向后拽袜子，妈妈鼓励宝宝也向后拽袜子；爸爸突然松开手，让宝宝自然后仰进妈妈的怀抱。可以反复多次做这个游戏。

注意要点 爸爸松手时，动作要轻柔一些。

运动好处 通过游戏，锻炼宝宝的空间感。

1～1.5 岁宝宝亲子游戏

宝宝接球

操作方法

1. 准备一个软皮、弹力适中、个头比足球小的皮球，表面有“刺突”的更好。
2. 在宽敞的房间或室外空地上，爸爸妈妈将球往地上投掷，待球弹起来时让宝宝用双手去接。也可由宝宝自己把球投掷下去，爸爸妈妈来接。
3. 过一段时间，可根据宝宝的熟练程度加大距离，还可有意识地将球扔向距宝宝有一定距离的左方或右方，让他转动身体去接球。

注意要点 爸爸妈妈第一次扔球时，最好扔在宝宝的肩膀和膝盖之间，过高或过低会增加接球的难度。球的充气量要适中，发球的速度不要太快，以免打疼宝宝。

运动好处 提高宝宝的行走能力和速度。

数字歌

操作方法

1. 在宝宝安静的时候给他朗读《数字歌》。
2. 可以带着宝宝伸手指，如说到“1 像铅笔会写字”的时候，可以伸出食指比画“1”。

注意要点 不要一次性灌输太多内容，也不要过于急功近利，否则会适得其反，降低宝宝学习的兴趣。

运动好处 在朗读儿歌时，加强宝宝对数字的认知和对图形的把握，提高宝宝的语言能力。

1 像铅笔会写字
2 像小鸭水中游
3 像耳朵听声音
4 像小旗迎风飘
5 像秤钩来买菜
6 像哨子吹比赛
7 像镰刀割青草
8 像麻花拧一拧
9 像蝌蚪尾巴摇
10 像油条加鸡蛋

1 2 3
4 5 6
7 8 9
10

模仿小动物

操作方法

1. 妈妈做示范动作，让宝宝学小兔子跳：两手放在头两侧，模仿兔子耳朵，双脚合并向前跳。
2. 也可以学大象走：身体向前倾，两臂下垂，两手五指相扣，两手左右摇摆模仿大象的鼻子，向前行进。
3. 学小鸟飞：双臂侧平举，上下摆动，原地小步跑。

注意要点 这个游戏能让宝宝的身体运动技能得到充分的锻炼，还能让宝宝更快乐，所以要多鼓励宝宝做。

运动好处 训练宝宝肢体动作的协调性。

1.5～2 岁宝宝亲子游戏

咚咚咚，是谁呀

操作方法

1. 宝宝在房间里，妈妈在外面“咚咚咚”地敲门。
2. 妈妈说：“咚咚咚，我是妈妈，可以进去吗？”
3. 宝宝回答：“好，请进！”
4. 接着角色互换，由宝宝敲房门试试看。

注意要点 此外，要教宝宝有礼貌地和别人打招呼、表达自己希望沟通的意愿、鼓励宝宝多与同龄的小朋友一起玩。

运动好处 通过游戏教会宝宝养成好习惯，培养宝宝的社交能力。

和毛毛熊聊天

操作方法

1. 准备一个彩色鲜艳的毛毛熊玩具或者其他毛绒玩具，引导宝宝和毛毛熊说话：“毛毛熊，你好！”
2. 妈妈扮成毛毛熊说：“宝宝，你好！”

运动好处 锻炼宝宝的语言沟通能力，培养宝宝和人说话的兴趣。

2～3 岁宝宝亲子游戏

认识早和晚

操作方法

1. 妈妈要准备“早晨”“晚上”两张卡片：早上活动，起床、洗漱、晨练；晚上活动，看电视、睡觉。
2. 妈妈出示起床、洗漱、晨练的图片，请宝宝观察后，问他：“这是什么时候？”
3. 妈妈出示全家人看电视、哄宝宝睡觉的图片，请宝宝认真观察后，问他：“这是什么时候？”
4. 最后，妈妈手拿图片，并问：“宝宝，天亮了，要起床了，是什么时候？”让宝宝回答“早上”。
5. 妈妈继续提问：“月亮出来了，妈妈要哄宝宝睡觉了，是什么时候呢？”请宝宝回答“晚上”。

注意要点 妈妈还可以在相应的时间段，利用文字或图片，帮助宝宝记录家人的行为。

运动好处 培养宝宝对早和晚的认知能力，帮助宝宝初步建立时间概念。

套杯子

操作方法

1. 准备塑料水杯或纸杯 5 个。
2. 妈妈将水杯一字排开放在宝宝面前。
3. 妈妈依照水杯摆放的顺序，拿起一个水杯套在另一个水杯上。
4. 依次将 5 个水杯套在一起，演示给宝宝看，然后再将水杯依次排开。
5. 请宝宝拿起一个水杯套在另外的水杯上，依次将水杯摞起来。

注意要点 这时的宝宝可能还不能完全准确地完成套杯子的动作，妈妈需要在旁边协助，并及时鼓励宝宝。

运动好处 加强宝宝对数字的认知，加强宝宝对多与少的理解，还能锻炼宝宝手拿物品的能力和手眼的协调性。

爱运动的宝宝长得高

“我的宝宝为什么比别的宝宝矮？”“我和爱人的身高都不高，宝宝怎样才能长得高些？”这些问题，都是家长非常关心的。我们知道，决定宝宝身高的因素很多，如先天性的遗传因素，这是无法在出生后改变的。而后天性的如营养、运动锻炼以及睡眠和精神状况等方面，也是决定宝宝未来身高的重要因素，这些是可以改变的。

运动、营养有助于长高

一般来说，1 岁以内的宝宝，营养对身高可以说起主导作用，因而要想让宝宝长高，首先要保证这一时期的营养合理和充分，母乳喂养十分重要。

运动对促进宝宝长高有着重要的作用。有的父母总喜欢把宝宝抱在怀里，即使能走路了也是如此，剥夺了宝宝下地走路锻炼的机会，这对促进骨骼发育及长高是十分不利的。其实，运动能促进生长激素的分泌。

运动类似于摸高、单杠、跳绳、伸展体操等，都可以促进身高生长。

从小抓起，多做弹跳和拉伸运动，可以改善肌肉韧带的弹性，促进骨骼生长。

抓住春天成长的契机

春天是万物生长的季节，更是宝宝长身体的最佳时机。世界卫生组织调查表明，儿童长得最快的时段是在每年 3 ~ 5 月份。因此，在春季对宝宝进行各方面调养，会使宝宝长得好、长得高。

捏脊能激发“长高因子”，从而有效地调节和增强脏腑功能，激发内脏活力，改善肌肉和骨骼系统的营养，加速宝宝生长发育。

在捏脊过程中，要面带微笑，露出关爱的情感，这样能消除宝宝对捏脊的恐惧感。注意，要根据宝宝的年龄和身体健康状况来把握捏脊的力度和时间，不要急于求成。

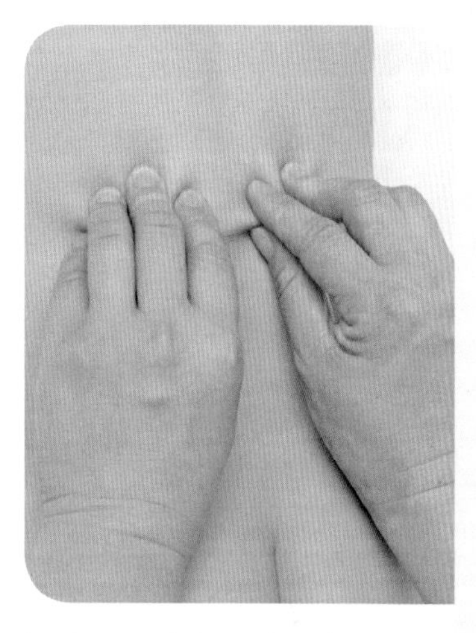

捏脊可配合揉、摩、擦、按等触摸方式，使宝宝对捏脊感兴趣，更能促进父母与宝宝之间的感情。

别错过治疗矮小症的最佳时期

矮小症是指儿童的身高低于同性别、同年龄、同种族儿童平均身高的 2 个标准差。

宝宝的遗传身高一般可以按照下列公式粗略测定：

男孩的遗传身高 = 父母的平均身高  **+ 6 厘米**

女孩的遗传身高 = 父母的平均身高  **- 6 厘米**

若实际身高与之相差太大，则应去医院进行检查。通常男孩的骨龄达到 15 岁、女孩达到 14 岁时，身高增长就不明显了。因而，治疗矮小症的最佳时期是 2 ~ 10 岁。

矮小症多数可通过药物治疗，但应针对不同病因采取不同治疗方法。因此，应该先到正规大医院矮小专科进行检查，查明病因，再对症治疗。切忌听信广告宣传，盲目购买增高产品。

延伸阅读

测骨龄很要紧

骨龄是骨骼年龄的简称，宝宝的骨龄就像植物的年轮一样，标志着生长发育的阶段。通常要拍摄左手手腕部的 X 光片，医生通过 X 光片观察，左手掌指骨、腕骨及桡尺骨下端的骨化中心的发育程度来确定骨龄，推测身高潜力。

一般建议女孩 4 周岁，男孩 5 周岁就可以开始测骨龄，偏矮者建议每半年进行一次骨龄测量，身高正常的可以一年测一次。骨龄异常需要及时干预和治疗。

矮小的宝宝需要综合调理

矮小的宝宝中 2/3 都有不良饮食习惯。暴饮暴食、偏食挑食、不吃早饭、吃太多甜食等都会阻碍长个儿。想长高，蛋白质以及钙、磷、锌等矿物质缺一不可，每天应保证充足的奶量。

例如多做跳绳、踢毽和各种球类等需要向上跳的运动。同时纠正宝宝站、坐、行、读、写的不良姿势，以防脊柱变形影响长高。对稍大的宝宝（学龄儿）运动宜达到有氧运动的程度，即中等运动。

生长激素分泌在夜间深睡眠时达高峰，因此要保证宝宝充足的睡眠。1 ~ 1.5 岁儿童每天要睡 13 ~ 14 小时，1.5 ~ 3 岁儿童每天要睡 11 ~ 13 小时，3 ~ 6 岁儿童每天要睡 10 ~ 12 小时。为了尽快进入深睡眠状态，最好让宝宝晚上 10 点之前入睡，做到早睡早起。

育儿专家提醒

老挨骂，宝宝长不高

心理学家发现，如果父母及老师经常训斥、辱骂，甚至歧视、威吓、体罚宝宝，可能会不同程度地影响宝宝的身高发育。现代医学证实，“精神剥夺性矮小”是导致宝宝身材矮小的因素之一。人体大脑有一个被称为下丘脑的组织，它的作用是根据神经网络传来的各种微弱信号，来刺激并产生促进生长的激素。如果神经过度紧张和压抑，就会导致生长激素减少，造成宝宝发育不良，甚至得矮小症。

网络点击率超高的问答

瘦宝宝需要多游泳吗？

梁大夫回复：如果宝宝一直很瘦，吃饭爱挑食，那就不妨让他多游游泳。

游泳是一项非常好的全身有氧运动。游泳时随着体能的大量消耗，在中枢系统的调节下，人体会动员肌肉和肝脏中贮备的热量来保证热量供应。游泳能增强宝宝食欲和新陈代谢，使消化功能得到改善，游泳后容易出现饥饿感。

很多家长会欣喜地看到，宝宝在游泳后喊饿，吃东西也不那么挑食了。长期坚持，瘦弱的宝宝会逐渐健壮起来。游泳不但能让宝宝长体重，还能增强抵抗力，让其肌肉发达，有利于锻炼骨骼的灵活性和柔韧性，更好地促进骨骼发育。

宝宝是不是都要经历“七爬八坐”？

梁大夫回复：传统上，“七坐八爬”（7 个月会爬，8 个月能坐）代表的是婴幼儿发展的指标，也因此往往被家长们用来衡量宝宝表现是否“正常”。但家长更应该关注宝宝自身的发育速度和发育趋势。宝宝的身心发展既存在规律性，也具有个体差异，一些宝宝 6~7 个月不会爬并不代表发育不良，可能 8 个月就会爬了。坐、爬、站、走是自然而然的发育过程，不用刻意去干预。偶尔也有一些完全正常的婴儿根本不会爬行或是匍匐，他们只是坐着，蹭过来蹭过去，直到学会站立为止。

宝宝适合做什么运动?

梁大夫回复: 父母可以让宝宝进行弹跳、拍皮球、踢足球、游泳等运动，这些运动既有助于增加宝宝的身高，又不会伤害身体。另外，对于尚未发育成熟的儿童，一次运动时间最好不要超过 1 小时，间隔十几分钟休息一会儿后再运动。一天的运动量不能过大，以运动后宝宝不觉疲劳为限。

宝宝多大可以玩滑板车?

梁大夫回复: 3 岁以下儿童不宜独立玩滑板车。儿童身体正处于发育的关键时期，如果长期玩滑板车，会出现腿部肌肉过分发达，影响身体的全面发展，甚至影响身高。此外，玩滑板车时腰部、膝盖、脚踝需要用力支撑身体，这些部位非常容易受伤，所以一定要做好防护，最好有父母陪护，并且找平坦宽敞的非交通区域玩耍。

宝宝运动前也要做准备活动吗?

梁大夫回复: 准备活动的质量是影响运动效果的关键环节。通过一般性准备活动，如原地踏步、压腿揉膝、伸腰等，能提高宝宝机体运动系统的准备状态，并能避免运动时的损伤。

对于年龄较小的宝宝，运动过程中家长最好陪着宝宝一起进行，注意运动量要适度。学龄前期宝宝最高心率一般不超过每分钟 160 次，心率一般 120 ~ 140 次 / 分较为适宜。

运动后，则要带着宝宝一起做些舒缓的运动进行“放松”，如伸展四肢、腹式呼吸等。如果出汗较多，一定尽快换上干爽的衣物，以免感冒。

宝宝的智力开发与早教

聪明宝宝养成记

感知能力开发

在模糊中发展的视力

宝宝眼睛经历了从视觉模糊、黑白、彩色、清晰度缓慢发展等过程。

0 ~ 6 个月

新生儿看到的只是光和影，只能看清15 ~ 20 厘米内的事物。从第 2 个月起可以头眼协调地注视物体，6 个月时，宝宝目光可随上下移动的物体垂直方向转动。

视觉启智训练方法

也就是说宝宝吃奶时刚好可以看到妈妈的脸，这个时候最好在宝宝眼前放一些具有黑白对比色的玩具，可以刺激宝宝的眼睛移动，同时也可给予红色色彩刺激，为宝宝进入色彩期做准备。

2 ~ 3 岁

进入建立立体空间感的黄金时期，开始对远近、前后、左右等立体空间有了更多的认识。2 ~ 3 岁幼儿的正常视力为 0.6 ~ 0.8。

视觉启智训练方法

使用玩具，可以很好地引导宝宝的视觉从二维向三维转化。

6 ~ 12 个月

是宝宝视觉的色彩期，也是宝宝视敏度发展的关键期，宝宝可以透过清楚的影像（能看到小物体），开始发展其他的感官功能。1 岁时，宝宝的正常视力为 0.1 ~ 0.3。

视觉启智训练方法

通过丰富多样、颜色鲜艳的图案刺激（可以在床头挂些色彩鲜艳的气球，在婴儿房里布置一些简单而鲜明的图画），加速宝宝脑部视觉区的发育，促进高层次的认知发展。

育儿专家提醒

宝宝的“斗鸡眼”

1 岁以内的宝宝，眼球还未发育成熟，眼球直径短，处于远视状态。当看近的物体时，两只眼睛不能在同一个轴上，因此出现内斜视，即所谓的“斗鸡眼”。随着年龄的增长，眼球的逐步发育，这种现象就会消失。

较早的智力能力：听觉

听，是促进语言发展和智力发展的基本因素。在婴幼儿时期，如果做好有关听觉的训练，宝宝的听觉集中、分辨、记忆、理解能力都能得到提高，将会更加准确、生动、流利地表达自己的想法，为宝宝今后社交、学习做好准备。

先学会听才能学说话

对宝宝听觉的训练也能够促进其语言发展，因为宝宝只有先学会了听，才会学习说话。妈妈可以拿一些宝宝喜欢的发声玩具，如铃铛、拨浪鼓等，在宝宝面前摇晃，吸引宝宝的注意力，让他把目光集中在你的脸上。这时候你就可以对着宝宝喊出他的名字，或是对着他说话；妈妈还可以在宝宝四周制造声音，让宝宝寻找声源，加强宝宝对声音的注意力。

保护听力，从防治中耳炎做起

在引起听力下降的各种原因中，中耳炎最常见。为了预防中耳炎，可以采取以下措施：

1

婴儿出生后一个月已经具有比较完善的听觉，这个阶段不宜接受较大声音刺激，过大的声音刺激可造成听觉损伤。给宝宝洗澡、洗头时注意别让污水灌进耳道，以预防中耳炎的发生。

2

应该注意正确喂奶和喂水姿势，即把宝宝抱起来，取半卧位姿势（避免平卧或仰卧位喂奶），如果乳汁过于充足，压力太大，可以使宝宝头稍低，这样可避免呛奶或吞咽不及时误入耳咽管造成急性中耳炎。

3

让宝宝从小进行“三浴”（空气、阳光和水）锻炼，按时予以免疫接种，以增强体质，减少感冒的发生。

4

遇到宝宝不明原因发热，应请专科医生检查双侧耳道，以发现有无急性中耳炎发生。

5

6 岁以下儿童应避免使用氨基糖苷类药物（抗生素的一类，包括庆大霉素、丁胺卡那霉素等药物）。

口的敏感期：吃、啃、咬

在宝宝出生 2 个月左右，就会自动地吃手了，刚开始吃拳头或大拇指，渐渐改为吃食指比较多。口的敏感期持续时间大约到 1 岁，如果没有得到满足或很好的发展，会推迟到 2 岁。其实，只有满足了宝宝口的敏感期，才会在口的敏感期结束后迎来手的敏感期。

首个敏感期：口的敏感期

宝宝认识这个世界，首先是通过嘴开始的，常会用嘴来吃手、啃玩具、咬衣角，这也是宝宝触觉敏感期比较常见的表现。通过这种方式，宝宝逐渐认识自己的身体，同时锻炼了手眼协作的能力。如果此时强行纠正反而不利于宝宝的发展。

口敏感期的表现

对于 6 个月前的宝宝来说，吃手是智力发展的一种信号；也有可能是处于长牙期，通过咬手或者玩具缓解不适；另外，如果依恋敏感期的宝宝离开妈妈，也会为了缓解自己的心理依赖吃手或者啃玩具。

无论哪种情况，1 岁内的宝宝吃手不需要特别纠正。国外研究发现，这个时期宝宝行为若受到强制约束、口的敏感期没有得到正确对待的话，长大后更易形成具有攻击性的性格。

这个时候家长一定要耐住性子，经常给宝宝洗手、给玩具消毒。

2

啃衣服、玩具，咬奶嘴

除了吃手，宝宝还会吃衣领、被角、玩具等一切能吃到的东西。有些宝宝如被阻挠吃手、吃玩具等，会用别的方式来完结口的敏感期，比如吃奶时咬乳头、咬奶嘴等。

父母可以准备一些熟猪肝，切成小条放到宝宝的手里，这样可以磨牙、补充铁元素。不过，宝宝长牙以后，要给他准备一些较硬的食物，比如饼干、奶棒、苹果条等手指食物。切记，一定要在宝宝坐着的时候再给他食物。

深度解析宝宝的抓、抢、打

宝宝的手是被口唤醒的，也就是说，宝宝在吃手的过程中，认识了手的功能。当手的敏感期到来的时候，口的敏感期还存在，因为要发展手的能力、认识手的功能，宝宝会不停地做出各种动作、触摸各种物品，而手活动的范围越大，特别是会爬、能走的时候，可放到手里的物品也就越多，能放入口里的物品也增多了。

给宝宝抓、摸的机会

手的敏感期到来后，宝宝会不停地去触摸能够到的物品。这个时候，父母要为宝宝提供适宜的环境，支持宝宝成长，这是父母的养育责任之一。

不管是宝宝摆弄妈妈的饰品，还是乱抓父母的衣服，或者把草莓捏个稀巴烂等，父母都不要打骂宝宝，因为这个过程是宝宝感受、体验不同物品，发展认知的过程。

引导“小强盗”

当宝宝抢别人东西的时候，有的家长喜欢称他们为“小强盗”。其实，随意给宝宝贴上负面的“标签”，不但会使宝宝误解，而且容易使分不清褒贬的宝宝真的养成“抢”的习惯。

此时的宝宝可能分不清“你的”“我的”，当别人有什么东西的时候，自己也想拥有，于是便伸手去拿了。当遇到宝宝想拿别人东西时，妈妈可以对宝宝说：“那是小朋友的，咱家里有，咱们回家拿！”也可以说：“你问问小姐姐，给你玩一会儿行吗？”这样可以在宝宝心中树立一个东西是别人的，想玩要好好跟人家商量的观念，而不是伸手就抢。

改变“打”的行为

宝宝常有打人的动作，特别是稍大一点儿，有了力气后的宝宝很容易把对方打疼。其实，很多时候宝宝不是想“惩罚对方，让对方痛苦”而发出这个动作，宝宝可能只是想跟对方打个招呼或者引起对方注意。所以，父母要抓住时机，教会宝宝正确的表达方式。

比如，当宝宝来到小朋友中间，伸出手来要打没打的时候，父母要及时抓住宝宝的手触碰对方的手，并对宝宝说：“轻轻握握手，我们是朋友。”从这个动作中宝宝就学会了和对方握手是一种交友方式，同时手也付出了行动。渐渐地，他就明白了该怎样跟其他小朋友打招呼。

3 岁前的宝宝，能记住什么

权威解读 《儿科学》关于宝宝记忆力的发展

宝宝记忆的特点

长久记忆分为再认和重现，再认是以前感知的事物在眼前重现时能被认识，重现是以前感知的事物虽不在眼前重现，但可在脑中重现。1 岁内的婴儿只有再认而无重现，随着年龄的增长，重现能力逐渐增强。幼儿只按事物的表面性质记忆信息，即以机械记忆为主。

婴幼儿的记忆可分为四种类型

宝宝记得自己的动作或运动。譬如，宝宝学会了用勺的动作后，下一次拿到勺子的时候就可以记住并保持这个动作，而不用每次都重新学一遍。运动记忆出现最早，约在宝宝出生后的前 2 周便可观察到。

是宝宝对于自己体验过的情绪和情感的记忆。宝宝在玩某个玩具时受到了惊吓，下一次看到这个玩具时便会回忆起当时的情绪，因而可能不愿再碰这个玩具了。情绪记忆比其他类型的记忆更加持久，我们往往已经忘记了事情的经过，却仍对当时的情绪体验感受强烈。所以，跟宝宝相处的时候，不能一味地强制宝宝让他去做事情，不顾及他的情绪感受，否则宝宝不仅不会对这件事情感兴趣，有可能还会产生抵触心理。

指根据具体形象来记住各种物品。约 10 个月大时，如果宝宝想喝水，他便会看向奶瓶或水杯。这样的记忆最早出现于 6 个月以后，在 3 岁前所占比重最大。所以，3 岁前宝宝进行认知活动时，最好使用直观、具体、形象的材料。

对语言材料的记忆。语词记忆比较抽象，发展也较晚。语词记忆会在 1 ~ 2 岁出现。反复念儿歌给宝宝听，宝宝就会逐渐记住儿歌，念出儿歌某一个字，最后一个字，最后三个字，甚至是最后一整句话等。

不能忽视的无意识记忆

3 岁前宝宝记忆的最大特点是以无意识记忆为主，他们的学习方式与成人非常不同。无意识记忆，相对有意识记忆而言，指事先没有预定目的、没有经过特殊安排的识记过程。无意识记忆在宝宝的探索过程中有着积极的意义。宝宝年龄越小，越会依靠无意识记忆获得信息，甚至可以说，3 岁前的宝宝尤其擅长无意识记忆。

所以，不要以为 3 岁前的宝宝就没有记忆，当你走进他们的世界，了解了他们记忆的特点，你就会发现宝宝更多可爱之处。另外，婴儿大脑有情感记忆，你对他是热情关怀还是爱理不理，他都能感受得到。

宝宝对颜色的认识有个过程

一般而言，在宝宝 2 岁的时候就可以尝试教他认识颜色，此时的宝宝，已经具备了基本的识别颜色的能力。妈妈可以让宝宝接触颜色的知识，慢慢教宝宝认颜色。

婴儿

新生儿出生后不久，便出现了颜色视觉。有人给 3 个月的婴儿呈现两个亮度相等但一个是彩色、另一个是灰色的色盘，测定他们对两个色盘注视的时间。研究发现，婴儿在彩色色盘上注视的时间比灰色色盘长 1 倍。一般认为，婴儿从第 4 个月起开始对颜色有分化性反应，已能辨别彩色和黑白色。波长较长的暖色（红、橙、黄）比波长较短的冷色（蓝、紫）更容易引起婴儿的喜爱，红色的物体特别容易引起宝宝兴奋。

2 岁

4 个主要颜色之中，叫对黄和红要比叫对绿和蓝早得多。

3 岁

3 岁幼儿已能正确地辨别红、黄、蓝三原色和绿色，但对于大多数的混合色，如紫色和橙色等却不善于区别。对于各种颜色的色度也还不能辨别。

4 岁

从 4 岁起，他们就逐步学会区别各种色调的明暗度和饱和度。有研究显示，3 ~ 6 岁儿童对颜色的正确命名随年龄的增长而逐步提高。3 岁儿童对 8 种颜色命名的正确率为 50%，4 岁为 68%，5 岁为 90%，6 岁为 95%。宝宝对不同颜色正确命名的难易程度是不同的，其中红色的命名正确率最高 (98%)，其次为白 (98%)、黑 (96%)、黄 (83%)、绿 (78%)、蓝 (61%)，最差的是橙 (51%)、紫 (43%)。

喜人的想象

两三岁，想象力的启蒙期

宝宝的想象力在两三岁时迅速发展，该阶段的想象基本上是一种无意识想象，也可以说是一种自由联想。无论什么东西宝宝都可以玩起来：小凳子或积木可以变成汽车，纸杯可以是电话，一条丝巾把自己装扮成公主……所有到宝宝手上的东西都有了象征意义。这时宝宝的想象已不再局限于具体事物形象，而是带有一定的情节，具有情景性。宝宝可以运用自己的想象和大人或同伴一起从事象征性游戏。

早期的想象是一种自由联想

在 3 岁左右，宝宝在绘画以前，不知道究竟要画什么，只能在画的过程中一边想一边画，画完后看它像什么就是什么。这时，想象是由于外界刺激而直接引起的，一般没有主题，也没有预定目的。

而且所画内容不能重复画出来，说明这个时期的宝宝想象事先没有明确目的，而是受外界刺激直接引起的。这个时期的宝宝，想象的主题容易变化，在绘画时，经常中途改主意。听故事时，喜欢不厌其烦地重复听，只是以想象过程为满足。

想象和现实容易混淆

宝宝早期的想象似乎常常与知觉的过程相纠缠，他们往往只是用想象来补充他们所感知的事物。

宝宝由于年龄小，还不会区分现实与想象，对他们来说，不可能的事情是没有的，所以他们常常把想象和现实混淆起来。宝宝的言谈中常常有虚构的成分，对事物的某些特征和情节往往加以夸大。有些 3 岁左右的宝宝表现出想象型说谎，实际上，宝宝没有恶意编造，也确实不算真正意义上的谎言，某种角度上看，这既说明他的想象力，也体现了他内心的某种愿望。

发展宝宝的想象力

幼儿的想象力要到一定年龄才会出现。一般说来，当他们“懂事”之后，就可以进行这方面的培养和训练。最初，也是以游戏开始。

保护和激发宝宝的好奇心

好奇心是推动宝宝想象产生和发展的重要因素。因此，爸爸妈妈要保护宝宝的好奇心，要尽可能满足宝宝对未知事物的探索欲望。同时要进一步激发宝宝的好奇心，鼓励他们对新奇事物的观察和认识，并使其在这一过程中获得心理上的愉悦和满足。

与宝宝一起游戏

在宝宝想象发展的过程中，爸爸妈妈的参与和引导是非常重要的。宝宝的想象力是在各种活动中逐渐发展起来的，尤其是各种游戏活动。爸爸妈妈应积极地参与到宝宝的游戏活动之中，并在共同参与的基础上进行适当的引导。

父母可徒手或利用小玩具做模仿游戏。比如，用手做成兔、鸡的样子，问宝宝像不像兔、像不像鸡，可以给宝宝买个玩具布偶，给布偶做个小被子、小枕头，让宝宝搂着它睡觉，用勺子给它喂饭。当宝宝大一些的时候，和宝宝一起剪纸、画画、捏橡皮泥、搭积木等，让宝宝想象这些像什么。这样会使宝宝展开想象的翅膀。也可以给他们讲童话故事，讲到一半，让他们编出不同的结果，以丰富他们的想象力，为培养他们的创造力做准备。

育儿专家提醒

引导宝宝确定想象主题

宝宝需要爸爸妈妈帮助他明确想象的目的和主题。爸爸妈妈要多多鼓励和引导宝宝对他所开展的活动主题进行描述，通过这些方式来强化活动主题。比如在宝宝开展关于水果的活动时，爸爸妈妈可以提供一些水果实物或图片，引导宝宝围绕水果这一主题开展想象活动。

让宝宝的心灵活跃在色彩中

美丽的图画总能引起我们无限的想象，同样，我们的想象也能通过图画表现出来。

进入斑斓的色彩世界

准备几支彩色铅笔、蜡笔等，让宝宝进行涂画的练习，随性地涂涂抹抹，空间允许的话，妈妈可以把它们贴在墙壁上，让他人一起分享宝宝的作品，让宝宝产生满足感。

画想象之作

父母一定会带宝宝去动物园的吧？假设下次要带宝宝去动物园看长颈鹿，可以在出发之前准备关于长颈鹿的图画、书籍等资料，让宝宝先了解长颈鹿。等到了动物园看到真正的长颈鹿之后，便问宝宝长颈鹿有多高，让宝宝用手比画一下，父母也可以协助宝宝手把手地比画一下；再问长颈鹿身上有什么颜色，让宝宝对长颈鹿有更深一步的观察与了解。在此基础之上再让宝宝作画，宝宝一定能很快就画出来。

给爸妈的话

- 如果发现宝宝对绘画有很大兴趣，但自己无法指导的时候，可以带宝宝去绘画兴趣班，请专业的美术教育工作者指导。
- 不要拿自己的宝宝跟别人的宝宝比较，无意中会加重宝宝的负担。
- 要理解宝宝的“另类”作品，不同的人会有不同的感受，感受不同，画中所表达的形态也会不同，别轻易地以为宝宝是“与众不同”的。
- 跟宝宝一起比较并分享昨天、今天与明天的表现，让宝宝在生活中感受进步。

思维能力发展

宝宝 3 岁前的思维水平

人的逻辑思维发展的总趋势是：由动作思维发展到形象思维，再依次发展到抽象逻辑思维。所以，抽象逻辑思维能力也是从小慢慢发展的。

思维分类及特征

从思维产生和发展过程来看，思维可分为动作思维、形象思维、抽象思维三种。动作思维是思维过程中依赖实际动作为支柱进行的思维，如 3 岁前宝宝的思维总是伴着动作，他们不能脱离动作默默思考。形象思维是思维过程中依赖表象为支柱进行的思维。抽象思维是在思维过程中借助语言中介，并以概念、判断、推理的形式进行的思维。

从儿童思维发展的过程来看，学龄前儿童的思维具有较大的具体形象性。有研究显示，儿童是用“形象、声音、色彩和感觉思维的”，到学龄前晚期，能初步进行抽象逻辑思维。

瑞士儿童心理学家皮亚杰认为，从出生到 4 岁是人的智力发展的决定时期，其中 8 个月至 1 岁，2 ～ 3 岁（特别是 2.5 ～ 3 岁）是两个转折期、关键期。人的一生思维发展的速度是不平衡的，是先快后慢的。

思维需要训练

思维是儿童掌握知识主要的心理过程，发展思维能力既是掌握知识的前提，又是发展其创造力的核心。促进宝宝思维发展，一方面要为其创设一个良好的家庭环境，家长要掌握宝宝思维发展的关键期，善用赞美和鼓励，耐心倾听宝宝的心声，给宝宝创造一个民主温馨的家庭氛围。另外，发展宝宝的思维能力，要进行思维训练，思维是通过训练得到提高和发展的。

思维训练，古已有之。我国古代的七巧板、益智图等，都是训练思维的好方法。古人从小学习琴棋书画、诗歌朗诵，都是思维训练的好形式。

锻炼宝宝的思维力

给宝宝留下思考的时间

宝宝回答问题往往是凭直觉，如果家长满足于宝宝的这点“小聪明”而不去引导他对问题进行深入的思考，那么，他们会习惯对问题不假思索地做出回答，没有足够的时间让大脑启动思维程序。所以，当宝宝遇到问题的时候，家长最好不要急于告诉他答案，而是让他多问几个为什么，多想几种解决的方案，多几次对自己的否定，然后在否定中寻找最佳答案。这种思维训练在日常生活中可随时随处进行。

育儿案例

我带 4 岁的孙子去商店买玩具，他要买猎枪。

我就提醒他：“猎枪很好玩，可是子弹要是射到了别人的眼睛，后果是非常严重的。”宝宝想了想，就提出改买水枪。

我问他：“如果在雪白的墙壁上喷上水，或者把水射到别人身上，你觉得合适吗？”

宝宝又想了一会儿，最后决定购买电子发光和放音乐的冲锋枪。

我让他说出买这种枪的理由，他说：“这是一种又好玩又不会伤着别人，也不会弄脏墙壁的玩具。”

在这个过程中，我有意识地引导他对玩具的各种利弊尽量多做思考，培养了他遇事动脑筋、喜辨别的习惯。

教宝宝说话用词达意

语言是思维的外壳，尽早教宝宝准确用词，不但能防止别人曲解、误解他的意思，而且可促使他思维活跃、思路清晰。家长对宝宝的话要多问几个为什么，对他的表达要多做分析，使宝宝用词准确、鲜明。

育儿案例

宝宝看到好看的东西都笼统地用一个“酷”字。可以问他“酷”是什么意思：

“酷”和“漂亮”“好看”“帅”等词语有什么不同？

在什么情况下用“酷”最好呢？

你说“酷”的时候，心里有一种什么样的感觉呢？

几次下来，他在说话的时候开始注意用词。

有一次，他告诉我：“这件衣服很漂亮，不过，还不够酷。”

这说明，他的思维正努力往准确、精细的方向发展。

如何对待宝宝问问题

宝宝是好奇好问的，父母对宝宝提问的态度和回答的方法直接影响到宝宝求知的欲望和智力的发展，那么，为了更好地促进宝宝的求知欲和智力的发展，我们应该如何对待宝宝的提问呢？

必须接纳宝宝的问题

宝宝经常提出一些令人忍俊不禁、无法回答的问题，如果家长不接纳宝宝的问题，只是一笑了之，敷衍了事或粗暴制止，久而久之，宝宝就不想再问了，这将导致其智慧的萌芽逐渐枯萎。因此，家长必须接纳宝宝的问题。

尽可能立即回答

宝宝注意力并不持久，如果不马上回答，宝宝或忘掉了刚刚问的问题，或兴趣降低，都会影响其智力的发展。当然，这里所说的立即回答，并不是主张马上把问题的标准答案直接告诉宝宝，而是说应该立即“受理”宝宝所提出的问题，并努力通过对问题的受理来促进宝宝对有关问题的思考，促进其智力的发展。

以问代答

为了鼓励宝宝养成有问题先自己动脑筋思考的习惯，对宝宝的问题可适当地反问宝宝，反问时要启发、引导，问题的难度要适宜。平时许多父母惯于用对与不对、可以与不可以、好与不好等肯定或否定的回答，如：

宝宝问：“妈妈，你看我算得对不对？”，妈妈回答说：“对。”

宝宝问：“爸爸，这朵花漂亮不漂亮？”，爸爸说：“不漂亮。”这样的回答虽然简洁明了，但不如这样回答“你认为怎么样？”“你认为美吗？”更能促进宝宝的思考。如果宝宝回答“不美”，你又可以这样问：“为什么不美？”……，经常用反问，能促使宝宝主动积极地思考问题，并渐渐形成对周围事物特有的、自我的认识。

有些问题宝宝问你，只是想验证一下他自己的想法，这时你采用反问的方式正合他的心意，并且这样的回答比你挖空心思去从科学的角度来回答更能让宝宝感到满足。

识字、学知识不等于开发智力

一个人在短时间内可以获得很多的知识，但一个人很难在短时间内在智力上有很大的发展。知识和智力关系密切，人的智力是在掌握知识的过程中发展起来的，脱离具体的知识、经验的智力是不存在的。但知识和智力又不是一回事，不能简单地说，教宝宝认了多少字、背了多少唐诗就是开发了宝宝的智力。

智力开发越早越好吗

“智力开发越早越好”这句话本身没有错，宝宝的智力是越早开发越好。但是，宝宝的智力发展是有规律的，家长若不懂教育规律，不懂宝宝智力发展的自身规律，不顾宝宝的年龄特点和自身发展状况，拼命地给宝宝灌输一些“知识”“学问”，一味超前学习，盲目开发，幼儿园学小学的知识，小学学中学的知识，这对普通宝宝而言是有害无益的。

过早学知识导致宝宝可塑性降低

出生前，宝宝大脑神经元的数量远多于大脑实际需要的数量。出生后，随着宝宝的成长，宝宝接受到的外部刺激越来越多，其神经元的联结以令人难以置信的速度增长，这时宝宝拥有的神经元和神经联结数量远多于成人。在宝宝生命的早期，大脑就像是一个大胆的剪裁师，只有被经常刺激的神经元和突触存活下来，而不经常被刺激的神经元细胞所连接的突触就会被修剪掉。

如果宝宝过早或单纯地学习知识，宝宝的可塑性就会大大降低，这也就是德国神经化学专家托马斯·苏德霍夫所说的：“不要把宝宝训练成机器。”

育儿专家提醒

左右脑平衡发展才能促进宝宝全面发展

随着大脑的发展，左、右两半球的功能开始出现分化，分别控制不同的功能，并以不同的方式处理信息，所控制的身体区域也不同。大脑的左半球控制着身体的右侧，包括语言、逻辑、细节、理性等功能；右半球则控制着身体的左侧，包括空间、音乐、艺术等功能。

过早与单纯的知识学习让宝宝的左脑得到发展，右脑却不能很好地发展。左右脑平衡发展才能促进宝宝均衡全面发展。

父母的思维决定宝宝的前途

父母的思维不仅决定着自己的心态与命运，还会影响宝宝的前途。在原生家庭(指个体出生与成长的家庭)中，宝宝所继承的最重要的财富就是思维方式：家人的思维方式会通过心理暗示"遗传"给宝宝。父母不同的思维方式对宝宝的影响也大不相同。

积极父母 VS 消极父母

对家庭，有人抱着"凑合过"的心态，有人则想着"好好经营我的家"；对宝宝，有人觉得"不好好学习将来没出息"，有人却说"一切都会好起来"。前者是消极的思维方式，后者是积极乐观的信念，两者传达给宝宝的信念和行为方式截然不同。

许多宝宝在成长过程中，不知不觉地效仿父母的思维方式，这就是心理暗示的力量。积极的心理暗示可以调动人的内在潜能，而消极的心理暗示对人的情绪、智力和生理状态都会产生不良影响。

敢于担当 VS 推卸责任

对待调皮的宝宝，有人觉得"没救了"，有人却说"没有教育不好的宝宝，只有不会教育的父母"。这两种思维方式对宝宝为人处世影响很大。

3 ~ 6 岁被称为"潮湿的水泥期"，是宝宝性格塑造的重要阶段。其中，5 岁左右的宝宝属于半被动、半理解的责任阶段，开始明白"担当自己的责任"，但没有真正地理解什么是责任。假如这个时期家长教育不当，宝宝长大后就可能喜欢推卸责任，进而影响社交。

网络点击率超高的问答

3岁前，教宝宝识字好不好？

梁大夫回复：让宝宝过早辨认文字、数字、颜色、形状，会迫使宝宝使用较低层次的思考过程，而不是发展学习能力。这就像在马戏团里训练小狗一样：当数到3，小狗就滚在地上，它并不是真的会算术，只是在表演一项特技。这种训练不但无助于发展宝宝的学习能力，甚至可能是有害的。

其实，宝宝的阅读与成人阅读不同，成人以文字为主，宝宝以图画为主。学龄前儿童是先阅读，再慢慢地识字，过早地将注意力放在识字上对宝宝是有害的。识字不是2～3岁宝宝的主要任务，在陪伴宝宝阅读的过程中，要培养宝宝的阅读习惯，对画面的观察力、理解力和想象力。

宝宝喜欢看电视怎么办？

梁大夫回复：首先，爸爸妈妈不能粗暴制止。爸爸妈妈要多花时间陪伴宝宝，还可以和宝宝商量看电视的规则，比如，可以限定每次不超过15分钟。另外，爸爸妈妈要以身作则，自己首先不要沉迷于电视、电子产品中。

宝宝不听话怎么办？

梁大夫回复：树立现代化的教育理念，对待宝宝的听话与否，要分情况而定。在生活规矩、行为道德的培养上，要让宝宝"听话"；在思维方式和对待事物上，要允许宝宝"不听话"。正确地引导宝宝，让其具备良好的行为习惯，并且具备独立思考、自己动手的能力。

另外，小孩的行为控制有一个渐进的过程：小时候是以父母控制引导为主，长大些是父母和孩子双方控制，成人后是孩子自己控制。而无论哪个阶段，家长与孩子的沟通交流都必不可少。

老爱问“为什么”，真的是宝宝好奇吗？

梁大夫回复： 2 ~ 3 岁的宝宝好奇心非常强，他们总喜欢问各种“为什么”，有时是宝宝需要一个解释，有时是宝宝不知道怎样用其他词来表达自己对某件东西的好奇。

心理学分析，宝宝 10 岁之前属于对父母的绝对崇拜期。在宝宝心目中，父母是无所不能的，所以一旦父母的回答没有使他感到满意，宝宝就会对父母产生怀疑，内心也会比较失落。对于宝宝的提问，父母要给予充分重视，务必弄清楚宝宝发问的真正意思，如果不能够马上回答，可以和宝宝一起学习、探讨，但一定要坦白告诉宝宝。

和宝宝说话，能用手势吗？

梁大夫回复： 和语言相比，非言语交流包括手势、动作、眼神、表情等在与婴幼儿交流中起的作用更大。语言表达是抽象的，但如果把这种抽象的表达具体化，效果会事半功倍。比如当宝宝出现不规矩行为时，父母一边说“不可以”，一边做出摆手、皱眉等动作，宝宝通常会较快地接受并改正。运用手势等肢体语言，一般要等宝宝满 6 个月后，此时他们学会了坐，对周围事物产生了很大的兴趣，而且小手的运动能力也达到了一定程度。

宝宝过分依恋和黏人怎么办？

梁大夫回复： 黏人是婴儿发展过程中一种非常正常的情感反应。在宝宝两三岁之前，只要离开了妈妈，他都会产生分离焦虑，是这个年龄段的宝宝黏人的主要心理基础。

父母应让宝宝多接触他人和不同的环境，消除恐惧感。可以以游戏方式进行渐进式的分离。不要因宝宝黏人而处罚他，不要吓唬孩子说外面的人都是可怕的坏人、魔鬼或大野狼。如果你确实有事要和宝宝分离一段时间，试着告诉他，你要先离开一会儿，不过会尽快回来陪他，渐渐培养信任感和宝宝自我认知及独处。

宝宝的心理和情绪管理

养育是父母的一场修行

喂饱心灵，让宝宝的内心变强大

让宝宝感受亲密

父母表达对宝宝的关爱，可以通过触碰肌肤，让宝宝感受到亲密的感觉。比如可以通过拥抱、亲脸颊、抚摩头部等方式来关爱宝宝。家长可以通过语言、眼神、肢体来传达对宝宝的爱意。让宝宝感受这种亲密，能让他在今后的生活中更健康地成长。

经常抚摸和拥抱宝宝

有研究表明，婴幼儿时期缺乏拥抱的宝宝会非常爱哭、易生病、情绪易烦躁，而经常被触摸和被拥抱的宝宝，其心理素质要比缺少这些感受的宝宝好得多。当抱起宝宝的时候，亲亲他的小脸蛋，摸一摸他的小手，捏一捏他的小脚丫，这些小动作都能使宝宝感到非常快乐。父母的每一次抚摸和拥抱，对宝宝而言，都是一次良性的刺激，而这些刺激能促进宝宝智力的发展，对其大脑发育有重要的意义。

经常跟宝宝说话

家长经常和宝宝聊天，能够刺激宝宝的语言发展，还有稳定宝宝情绪的作用。当然，跟宝宝聊天也是要讲究技巧的，聊天时要注意看着宝宝的眼睛，及时反馈他；聊天不等于唠叨，真正懂得聊天的妈妈，会顺着宝宝感兴趣的东西来聊，给他更多愉悦的感受；和宝宝聊天时，还可以伴有温和的肢体动作，比如握握宝宝的手、摸摸他的头、搂搂他的肩等。

多回应宝宝

如果宝宝哭了，父母应及时做出反应，安慰他、抱抱他，使他安心。妈妈温柔的拥抱和经常的亲密接触，给宝宝极大的安全感。

用你的细心和专注及时回应宝宝，和宝宝建立信任关系。有研究显示，和妈妈建立情感依恋、从妈妈那儿获得安全感的宝宝，会有更大的勇气去探知周围环境。

和宝宝建立安全型依恋关系

“依恋”是一种心理发展现象，它是指婴儿与主要抚养者（通常是母亲）间最初的情感性联结，也是婴儿情感社会化的重要标志。婴儿与母亲分离时，双眼会紧紧追随母亲的行动方向，因恐惧而哭闹；母亲靠近时，婴儿会急切地伸出小手扑向母亲。与母亲在一起，婴儿倍感欣慰，并产生强烈的安全感和幸福感。如何让宝宝建立安全型的依恋关系呢？

把握建立依恋关系的机会

依恋关系的建立开始于婴儿 6 周，最佳形成期是 0.5 ~ 1.5 岁。在这个时期，婴儿要与相对固定的抚养者保持经常性的交往、交流；否则，不断更换看护人，则会使其烦躁不安、时常哭闹，从而影响宝宝的情绪和情感发展。

保证抚育质量

在依恋关系建立时期，抚育者要随时关注宝宝发出的信息，及时做出反应，对宝宝的照顾要体贴、周到；忽视、冷漠甚至虐待宝宝，或是经常对宝宝喋喋不休地唠叨，都可能让他建立非安全型的依恋关系，对其日后心理发展产生不利影响。

营造和谐的家庭环境

家庭成员之间和睦相处，家庭气氛和谐，家庭成员与宝宝正常交往，宝宝就能在一个充满爱的环境中建立安全的依恋关系。否则，因各种原因造成家庭气氛紧张、家庭环境恶劣，都会不同程度地影响其情绪，进而影响依恋关系的质量。

在人之初的第一年，婴儿心理教育的一个关键环节就是和母亲建立安全型依恋关系，这关乎其未来是否会有一个健康的心理。

理性看待宝宝的“安慰物”

很多家长会发现，宝宝随着年龄的增长，出现对某一件东西特别的喜爱和执着，甚至没有这样东西就无法正常的玩耍和睡觉。其实，这是宝宝依赖安慰物的正常表现，不要强行撤去宝宝的安慰物。随着宝宝年龄的增长，他内在的安全感建立得越来越好，内心越来越强大，会逐渐摆脱对安慰物的依赖，勇敢地走向外面的世界。

什么是安慰物

安慰物，在儿童心理学上指的是宝宝在环境变化时应付情绪危机的依恋物。宝宝在婴幼儿期，生理和心理发育都很不成熟，对父母（特别是母亲）有着强烈的依恋情绪。当与亲人分离后，安慰物给了宝宝精神支持和慰藉，帮助他们渡过难关。

为什么宝宝需要安慰物

安慰物是宝宝认知匮乏和孤独寂寞时的一份情感寄托，就如同宝宝的朋友一样。

家长可以多带宝宝到户外玩耍，多与同龄宝宝接触，获得愉悦体验，并增强与他人交往的兴趣，进而减少宝宝对安慰物的依赖程度。

从本质上讲，依赖安慰物是由于宝宝内心安全感的缺失，而对物品转移依恋的情况。因此家长在日常生活中要多给宝宝一些关爱和陪伴，特别是要增加亲子间的身体接触，多抱抱、亲亲宝宝，通过肌肤接触来缓解宝宝的不安情绪。

在宝宝婴幼儿时期由于生理和心理上的特点，需要各种颜色、形态、材质的玩具和书籍来进行游戏，而缺乏这些物质的宝宝很容易出现无所事事的情况，也更容易出现依赖安慰物。

家长要多陪宝宝玩耍，准备不同种类的适合宝宝年龄的玩具，让宝宝能够更好地发展兴趣爱好，从而降低对安慰物的依赖。

向世界微笑：和宝宝一起牵手小伙伴

因为宝宝交往经验匮乏，加上喜欢冲动，比较以自我为中心，宝宝们之间的交往常常会面临很多的问题，父母的处理方式不同，就有可能带来不同的结局。那么，在宝宝与小伙伴之间的社交活动中，父母应该起到什么样的作用呢？

通过游戏提高宝宝交往技能

当宝宝很小的时候，他们表达自己各种情绪时往往把握不好分寸，比如，当他特别喜欢某个小朋友时，很可能会去拽对方一下、推对方一下，于是他这种表达友好的行为就可能引发战争。要让他明白自身行为可能会对他人产生什么样的影响，最合适的方式就是通过扮演游戏来告诉他一切。比如，父母可以分别扮演小朋友，以不同的方式交往，然后在交往中把问题揭示出来，再通过表演将正确的交往方式传递给宝宝，让他自己通过观察悟到他究竟应该怎么做。

给宝宝更多表达自己的机会

很多宝宝都有怕生或害羞的问题，父母可以创造一些机会让他向别人展示自己的特长，练习在他人面前恰当地表达自己，以合适的方式向他人提出要求等。

不要过分袒护自己的宝宝

有些家长为了维护自家宝宝的利益而一味地袒护自己的宝宝。实际上，儿童的交往冲突对他的成长也是非常有益的，正是通过争夺玩具、相互追跑、扭打，宝宝们了解了他我关系、物我关系，学会了客观、独立地看问题。过于袒护或保护会引起不良后果，使宝宝自我中心的意识膨胀，认为自己什么行为都是对的，而别人做什么都是错的，这样反而降低了宝宝的交往能力。

爱，让宝宝快乐成长

在生活中，家长要给予宝宝真诚的爱。给宝宝打造一片爱的天空，会让宝宝成为一个有思想、有爱心、有担当的人。爱有四种语言，每一种爱都能体现父母对宝宝的关注。

爱的第一种语言：关注宝宝的优点

宝宝还小，需要更多的鼓励。家长平时要多关注宝宝身上的优点，并鼓励宝宝朝着自己梦想的方向前进。

及时的表扬犹如生病及时服药一样，对年幼的宝宝会产生很大的作用。一旦发现宝宝表现出色应及时表扬，这样会收到良好的教育效果。

宝宝的年龄、性别、性格、爱好不同，其所需的表扬方式也不尽一样。如小宝宝喜欢父母的搂抱和爱抚；而对稍大的宝宝，一个特定的手势、一个微笑、一个眼神都是表扬的方式。表扬的方式长期重复也会失去效用，所以表扬方式也应注意要有新意。

爱的第二种语言：用心与宝宝交流

作为父母，在你努力向宝宝表达爱意的同时，也一定得努力、认真地去倾听宝宝的各种话语。

父母在与宝宝说话之前，要先蹲下来或者坐下来，和他处在同一水平面，用他的视野看世界，这样你才能真正理解和感知他所处的环境。教他也学着看着你的眼睛说话，这种眼神交流非常重要，可让紧张的宝宝放松下来。

如果父母在听宝宝说话的同时，还能给予“我明白”“你一定很不开心”“真棒”这样的反馈，会让宝宝感受到，他的话对你真的很重要。

爱的第三种语言：让宝宝懂得感恩

让宝宝去关心另一个小生命的成长，它可以是一株植物、一只小动物，宝宝在付出爱后才会更加珍惜得到的爱。但3岁内的宝宝领悟能力毕竟有限，家长要在恰当的时候对其进行有益的启发和引导，如让宝宝每周给花浇水，或者在他忘记照顾花朵的时候提醒他。

在德国，宝宝刚学会走路的时候，父母就特意在家里养小兔、小狗等小动物，并让宝宝在亲自照料小动物的过程中学会爱护弱小的生命。

爱的第四种语言：从小培养宝宝的同情心

有研究表明，宝宝出生3个月时，如听到另一个宝宝的哭声，会出现反应；9个月的宝宝看到别的孩子跌倒了，他的眼里会涌出泪水，并扑到妈妈的怀抱里寻求安慰；15个月的宝宝看到小朋友哭鼻子时，会拿出自己的玩具去安慰，以示同情。

同情心是孩子在社会交往中最早表现出的一种情感反应，应给予重视和培养，让纯真的爱心成为道德情感的基石。富有爱心的孩子自然会较自觉地关心集体，关心他人，也更容易融入社会生活。

栽种积极情绪的根：自主、独立、自信

爸妈禁语：好父母从不说

男孩女孩生来就不一样，父母的教育也应有所区别。女孩似乎总被要求文静、听话，男孩太爱哭、成绩不好也总是成为父母眼中的问题……时间久了，次数多了，父母就可能说话过火。在心理学家眼中，父母在教育子女时，有些最忌讳的话请别对孩子说。

女生要有个女生的样儿

有的小女孩跟小男孩一起做游戏，玩得满头大汗。妈妈看见就说："女生要有女生的样子，别跟个野小子似的！"一般来说，3 岁左右的宝宝即可识别自己的性别，并自然而然地遵从内在的性角色要求，表现出行为上的性别差异。此后，女孩变得文静，爱玩过家家；男孩变得活泼，爱玩刀枪棍棒。经常被父母从性别上加以否定，宝宝会感到困惑，并因为自己没能符合家长的期待而难过。

怎么又把自己弄得脏兮兮的

女孩玩得浑身是泥巴，爸妈会很不高兴地说："姑娘家家的，别把自己弄得脏兮兮的。"女孩从小就被教育要爱干净、说话和声细语，加上天性敏感，如果经常被父母批评"脏兮兮""不讲卫生"等，女孩可能会感到羞耻，自尊心受到伤害。事实上，女孩完全可以跟男孩一样，尽情尝试喜欢的东西。

你怎么可能做得到

"你是女孩，怎么能做得到，让爸爸来。"女孩更容易受到妈妈爸爸的宠爱和过度保护。但如果从小就灌输这种限制性思维模式，让她觉得自己不如男性，很多事情做不了，今后就很难独立，甚至在婚姻中可能依附于男方。养女孩，同样要用鼓励取代限制，在合理安全的范围下让她勇敢地尝试。

什么都别说，微笑就好

女孩常被教育要矜持，要笑脸迎人，即使不开心或者想要什么，也必须压抑在心里。事实上，长期压抑不利于其表达能力的培养，还可能让宝宝心理变得扭曲。父母要教女孩学会正确表达情绪而非隐藏情绪，开心的时候就要笑，生气时就要说出来，自然大方的女孩最受欢迎。

育儿专家提醒

正确的亲子沟通法——“非暴力沟通”

1. 陈述事实，比如“你的衣服上都是泥”。

2. 陈述自己的感受，比如“这样妈妈会觉得很烦恼”。

3. 陈述产生这种感受的理由，比如“因为我要洗很多衣服”。

4. 提出自己的期望，比如“你以后可不可以不要趴在地上玩”。

男孩篇

你就不能学学 ××

对于自尊心强、有竞争意识的男孩来说，总被见都没见过的同龄人比下去，相当没面子——“你就不能向 ×× 学习？”“你看 ×× 那么优秀，再看你自己。”这样说，会伤害到宝宝的自尊心，激励效果适得其反。

不许哭，别跟小姑娘似的

生活中常有这样的画面：家长责令男孩不许哭，宝宝反而哭得更厉害。家长总是喜欢用“男儿有泪不轻弹”来阻止男孩哭泣。一方面，如果连哭都受到呵斥，宝宝就会慢慢压抑自己的真实感情，将来可能影响情绪的自然表达。另一方面，经常给男孩“像小姑娘”这样的心理暗示，反而会强化他们心中的性别认同，宝宝今后会变得更爱哭，甚至出现性别认同障碍。

再不好好学习，以后扫大街去

男孩的发育比女孩稍慢，再加上男孩生性好动、淘气，常被家长认为学东西慢、学习不认真。家长要仔细观察、询问，帮宝宝分析“不如别人”的原因。如果宝宝总被灌输“自己不如人”的意识，久而久之就可能破罐破摔，以后真的变得很差。

怎么这都干不了

很多大人觉得理所应当或非常简单的事情，对宝宝来说未必如此。经常这样否定男孩，会引起他们的恐慌、羞耻感。还有些家长秉持完美主义，可能会让宝宝形成强迫型人格障碍。宝宝没有做好某件事时，家长应耐心鼓励、帮忙找原因，让宝宝再次尝试。

给宝宝自由成长的空间

父母给宝宝自由的发展空间，并不是对宝宝放手不管，而是根据宝宝的意愿，顺应宝宝的天性，对宝宝进行合理引导，让宝宝自主发展，让宝宝更加愉快、健康、自由地成长。

宝宝也要有民主

家庭教育的过程中，家长对宝宝采取过多的命令也会对宝宝的心理产生负面的影响。有些家长总是以命令的口吻要求宝宝、教育宝宝，让宝宝完全按照家长的意愿做事，而不理会宝宝是否对这些事情感兴趣。若宝宝的行为不符合家长的想法，则会命令宝宝停止，再命令他们“改正”过来。

这种教育方式不利于宝宝天性的解放，会导致宝宝欢乐少、思维不开阔，不利于将来的发展。

给予宝宝充分的自主权

宝宝之间发生冲突，很多时候都是因为争抢玩具。按照传统的做法，我们应该提倡礼让，因此，很多父母就有可能在别人家的宝宝来抢自家宝宝玩具的时候，设法说服自己的宝宝把玩具让给小弟弟(小哥哥、小姐姐、小妹妹)玩一会儿，结果把自己的宝宝搞得很伤心，这种社交方式会带给宝宝很多不愉快的体验，他的自尊心、自信心、安全感都会因此深受打击，这样的宝宝长大后可能不知道如何行使自己的权力，凡事都不敢主动去争取，变得自卑怯弱。

父母应该让宝宝明白，玩具是自己的，可以自由去支配。引导宝宝们各自介绍自己的玩具，有兴趣的两人互相交换玩具玩。在这个过程中，让宝宝学习向对方提出自己的意愿、建议，表达自己的需求。

育儿专家提醒

父母少管点，宝宝执行力更强

美国《心理学前沿》杂志刊登的一项新研究发现，有更多时间自由活动的宝宝，其执行能力——包括计划安排、解决问题和自主决策的能力更强。分析指出，儿童期“计划时间”少些，有助于促进宝宝执行能力的培养，以后成功的概率会更大。

独立，这样开始

幼儿教育学家蒙特梭利说："教育首先要引导宝宝走独立的道路，这是我们教育关键性的问题。""教是为了不教"，叶圣陶先生的这句至理名言也道出了教育的真谛。那么父母在家庭生活中该从哪些方面着手培养宝宝的独立性呢？

创造锻炼机会，培养宝宝的自理能力

在现实生活中，有些家长怕累着宝宝，怕宝宝做不好自己重新做太麻烦，因而不让宝宝做一些力所能及的事；还有一些家长认为，吃饭、穿脱衣服等生活技能是不用训练的，宝宝长大自然就会。其实这些观念都是不正确的。

从儿童发展的观点来看，不给宝宝锻炼的机会，就等于剥夺了宝宝自理能力发展的机会，久而久之，宝宝也就丧失了独立能力。在家里，家长可以根据宝宝的兴趣和能力，因势利导，通过具体、细致的示范，从身边的小事做起，由易到难，教给宝宝一些自我服务的技能，如学习自己擦嘴、擦鼻涕、洗手、刷牙、洗脸、穿衣服、整理床铺等。

不过，父母千万别疏忽了，当宝宝完成一项工作后，父母要给予适当的肯定和赞赏。当宝宝的存在价值被肯定，他们会感到无比的兴奋和快乐，在很大程度上增进了宝宝的自信心。

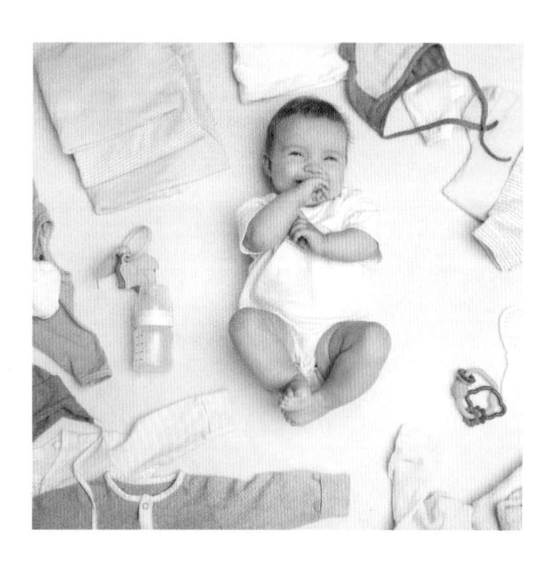

今天宝宝要穿什么样的衣服，父母已经准备好了，宝宝基本上不用考虑这些问题。其实，我们只要稍微转变一下教育方法，比如让宝宝自己选择穿什么衣服，就可以得到完全不同的教育效果。

遵循成长规律，培养宝宝的劳动能力

有目的、有计划地培养宝宝的劳动能力，不仅可以有效地促进宝宝肌肉的发育和完善，动作的协调发展，还能促进其智力发展。宝宝在"我自己做"的过程中，能不断增强自信心，提高独立思考、独立做事或解决问题的能力，这有助于良好个性品质的形成。

3 岁前，实现和宝宝分床睡

自己睡觉，是宝宝学会独立的重要一步，也能让父母轻松一些。可是，许多宝宝习惯了和父母睡在一起，要自己单独睡还真不容易。以下几点建议可能有助于实现分床睡：

当夜幕降临时，他会害怕什么东西出现吗？他是想以此获得家长的关注吗？是不是有你没注意过的噪声影响他的睡眠？是不是他的卧室太暗了？他是不是不喜欢自己的床或者床上用品？
发现问题后，及时找到对策，就能进行下面的步骤了。

2
宝宝上床前的程序或仪式

比如上床前，可以给宝宝洗个澡，给他讲睡前故事或唱一首歌。做这些事情可以让他明白睡觉的时间到了，慢慢他就习惯了这一睡前仪式。

3
给一些“保护”，让他有安全感

有些宝宝如果知道有可以依赖的保护时，会更容易接受这种“分离”。比如，可以给他一个大娃娃，作为他睡觉时的朋友，告诉他娃娃可以在晚上守护他。

4
给卧室加盏小夜灯

有些宝宝特别怕黑，不妨在他们的卧室里多加一盏小夜灯。

5
多点耐心

或许在开始分床睡的几天，你的努力不会有成效。在宝宝真正可以安心独自睡觉之前，要坚持之前的努力，千万不要中断。

增强宝宝的自信心

幼儿自卑心理在情感上表现为对人对事怀有畏惧情绪，在行为上表现为退缩，在个性上表现为缺乏信心，这种心理对其未来的人生发展极其不利。那么，家长应该怎样帮宝宝克服自卑，树立自信呢？

用宽容和指导替代消极的评价

父母对宝宝的批评、消极的评价往往比“失败、错误”本身更能打击宝宝的自信心。特别是幼儿，他们自己还没有很好的分辨能力，父母说他“笨”，他就会以为自己很笨。所以，当宝宝犯错或失败的时候，要以宽容的态度对待宝宝，收起“你真笨”“没用”“什么事都做不好”的评价，帮助宝宝找出犯错的原因，必要时教给宝宝避免犯错的技巧，让宝宝明白怎样做才是正确的。

帮助宝宝扫清挫败影响

比如宝宝看到爸爸回来了，跑去帮爸爸拿拖鞋，却把鞋架上其他的鞋子也弄到地上了。先不能责怪宝宝，等宝宝把拖鞋拿给爸爸后，可以和宝宝一起去把掉在地上的鞋子捡起来放好。注意，一定要让宝宝参与，宝宝亲手把残局收拾好，不仅不会让他觉得自己刚才很失败，反而增强了他的自信心：虽然我刚才做得不好，但是我有能力消除这个不好的影响，我有能力弥补。

克服宝宝胆怯害羞的心理

多为胆怯的宝宝创造一些交往和沟通的条件和机会。父母要带着宝宝多串串门，多参加一些聚会，宝宝会在观察父母与别人交往的过程中学到不少东西。同时，在熟悉的环境中宝宝会比较放松，胆子会大起来，逐步产生自信。

宝宝自己的交往圈子也很重要。父母在适当的时候放手，让他单独和不同年龄的小朋友一起玩。跟大宝宝玩，能学会遵守规则；跟小宝宝玩，可以学会照顾别人。

给宝宝立规矩：建立规则与秩序感

如何给宝宝立规矩

扫一扫，听音频

“吃完饭再去玩”“吃饭的时候不要看电视”……父母会发现要求宝宝做该做的事，简直是在“对牛弹琴”，而别人家的宝宝不用父母说就自觉完成，为什么会有这样的区别呢？其实，这是给宝宝立规矩与否的区别。要给宝宝从小立规矩，但不能急于求成，得顺应宝宝能力的不断发展而增加难度。

立规矩要严肃

“你看你像什么样子，乱扔玩具，再乱扔我就揍你了！”大吼大叫比声音，以此来给宝宝立规矩是没有多大作用的。父母在给宝宝立规矩时要严肃，但不应大吼大叫，更不要嬉皮笑脸。

立下的规矩必须遵守

立下的规矩就必须遵守，比如不许乱扔垃圾，不仅仅是在家里要遵守，在外面也一样，不能家里一套外面一套、今天一套明天一套，会让宝宝无所适从。

要让宝宝有个适应过程，让他自己逐渐学会遵守。例如，宝宝喜欢乱扔东西，父母就要告诉他：“如果你再扔，就会失去最喜爱的玩具。”宝宝每次扔东西都会受到惩罚，以后每当他要扔东西时，想到的不是扔东西的乐趣，而是失去玩具的痛苦。

违反规矩一定要马上指出

宝宝违反规矩一定要马上指出，不要用“看我回家怎么收拾你”之类的话来敷衍带过，这样会让宝宝形成侥幸心理，规矩慢慢就会丧失约束力。

立规矩不是不讲情面

立规矩要在坚持原则的基础上给宝宝关爱，在宝宝情绪不好或者哭闹反抗时，别忽视他的心理感受，应给予安慰，引导他正确对待规矩。

帮助宝宝建立秩序感

著名幼儿教育家蒙特梭利认为：儿童的本性是有序的，秩序对儿童是内在的需要。因此。通过给宝宝建立基本的符合人性、文明的规则，可以使宝宝在自然的成长中奠定一生最基本的社会化基础，并同时积累起自信心。

规则从秩序出发

1岁以内的婴儿，不需要特意为其制定规则，而是要充分尊重和维护宝宝本能的秩序感，让宝宝培养良好的生活习惯。

1岁左右，宝宝迎来自己的秩序敏感期，很多父母会发现，宝宝对物品放置的位置、做事情的顺序都有着执着和强烈的要求。

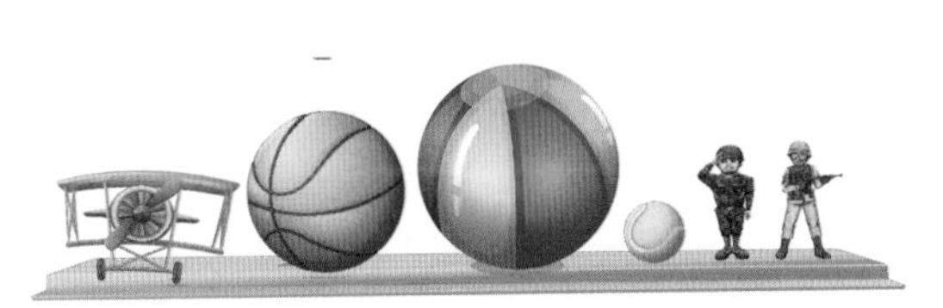

可以为1～2岁的宝宝准备一个玩具架，引导他把玩具放到架子的固定位置，这种各就各位的方法，可以提升宝宝的空间秩序感。

秩序感可以从游戏开始

当宝宝与其他小朋友玩游戏的时候，蒙特梭利认为,0～6岁有这样的基本规则：

1 粗野、粗俗的行为不能有。

2 别人的东西不可以拿，自己的东西自己支配（在1～2岁需要让宝宝建立物权观念，首先要尊重宝宝的物权）。

3 归位——从哪里拿的放回哪里（秩序感未被干扰的宝宝会自然地学习这样做，这同时带来安稳有序的感觉）。

4 谁先拿到的谁先使用，后来者必须等待（请等待，轮流按序是游戏的基础）。

5 不可以打扰别人（首先学会做到不打扰宝宝）。

用行为管理手段建立秩序感

1 给宝宝制定每日活动的常规，让宝宝预先知道要发生什么，比如要去商店买东西，今天晚上要洗澡等。

2 买个小闹钟或报时器，帮助宝宝建立秩序感和规律。比如洗澡多少时间，看电视多少时间等，到时就“叫停”。想让宝宝做他不情愿做的事，也给他约定一个时间，在闹钟铃响之前做完的话就奖励他。

3 给宝宝清晰的指令。如果任务太复杂，可分成几个小步骤指导他做。

建立秩序感的诀窍

1 培养物权意识

物权意识是最初的“界线”，让宝宝知道“我的”“别人的”，我的东西别人不能随便动，别人的东西我也不能想拿就拿。要知道，宝宝是处在学习过程中的，他们会不厌其烦地试探，所以这个规则，父母和宝宝要共同遵守。不可趁宝宝不注意，将宝宝的玩具或零食偷偷地分享给其他小朋友。

建立了强烈物权意识的宝宝懂得玩具或零食的归属。然后，他们学习向对方提出自己的愿望、建议或等待轮流玩的机会，并且有能力愉快地接受“不”这样的回答。

2 增强宝宝的专注力和耐力

你一定观察过宝宝独自一个人玩耍时的表现。原来，当宝宝不受干扰地沉浸在自己喜欢的游戏中时，是那么的专注、富于耐心——他们嘟嘟囔囔地一个人在地板上、沙发上、墙上开汽车；他们不知疲倦地奔跑、骑车……

宝宝天生具有专注力，他们在游戏玩耍中倾注了巨大的热情，这就是耐心、坚持、自制力的源头。此时，父母应该克制自己，不去干扰宝宝的玩耍，让他们有机会按自己的需要在游戏中完成成长的工作，建立真正自觉的纪律。当然，通过生活常规，鼓励、约束宝宝去完成较持久的活动，也能增强宝宝的专注力和耐力。

3 延迟满足，练习等待

当宝宝还很小的时候，最重要的是给他安全感和充分的爱。在此基础上，可以开始让宝宝练习等待，从等待冲泡奶粉的 1 分钟，语言上的“妈妈马上来了，请等待”，到和宝宝一起收拾玩具。

在玩游戏、去超市的时候，讲解等待、排队的意义；让宝宝再一次尝试自己捡起地上的玩具；从商量吃零食的限度，约定看电视的时段，到逛公园的时候多走一段路再休息……

怎样应对宝宝入园问题

有些宝宝在两岁半就已经入园了，但是大部分宝宝还是 3 周岁开始入园。送宝宝去幼儿园不仅是对宝宝的考验，也是对爸爸妈妈的考验。在送宝宝入园之前要做哪些准备？宝宝入园会遇到哪些心理问题？应该如何面对、如何解决？爸爸妈妈要做到心中有数。

是否具备基本的入园能力

在爸爸妈妈准备将宝宝送入园之前，可以给宝宝做个小测试。

- 会自己用勺子吃饭、用杯子喝水吗?
- 会自己洗手、洗脸、擦嘴吗?
- 大小便能自理吗（或能否清楚表达自己大小便的意愿）?
- 会穿脱鞋袜以及简单的衣服吗?
- 具有一定的语言表达能力了吗?
- 能听懂别人的话，能自由地和别人交流吗?

如何让宝宝自愿入园

1 平时让宝宝自己选择一个“再见”的游戏，帮助他逐渐习惯妈妈不在身边。在离开之前也要告诉他“妈妈去工作了，下班后就会回来陪你玩”。

2 提前带宝宝去幼儿园参观。最好是在其他小朋友都在的情况下，这样宝宝就可以亲身体验幼儿园的生活。并且鼓励宝宝与其他小朋友一起玩，以增加他对上幼儿园的期待。

3 和宝宝一起准备入园的物品，给宝宝更多的自主权，比如入园用的小书包、小杯子之类的，宝宝喜欢哪个就用哪个，以此减轻宝宝入园的焦虑感。

4 入园前，应对宝宝多介绍幼儿园里各种有趣活动。当宝宝向父母提出一些好奇问题时，可在解答之余告诉他：“你就要上学了，有好多有趣的知识可从老师那里学到。”从而唤起宝宝对老师的尊敬和热爱之情，激发宝宝对未来新环境的向往。切忌用“再闹，等你到了幼儿园，让老师来管你！”这种话语来吓唬即将入园的宝宝。

网络点击率超高的问答

宝宝怕黑怎么办?

梁大夫回复：很多宝宝都有怕黑的经历。黑暗中视物模糊，更容易让宝宝产生不确定感，引发紧张或关于鬼怪的联想。家长可以这么做：

1. 跟宝宝聊聊黑暗中的感受，了解他在怕什么。要反复安慰宝宝，告诉他很多人都有这样的经历，爸爸妈妈会多陪着他，给他力量。

2. 可以和宝宝看看关于黑暗的绘本，比如《你睡不着吗，小小熊？》等，还可以跟他在灯影下玩玩手影游戏，逐渐接受黑暗下的生活。

3. 对于怕黑的宝宝，家长没必要强迫他自己睡。如果宝宝坚持要开灯睡觉，可以在房间里装一盏小夜灯，让宝宝抱着自己最喜欢的毛绒玩具睡觉。

4. 父母自己不要对黑暗惊慌失措，这样才能把正面情绪传递给宝宝。

宝宝犯错需要给点小惩罚吗?

梁大夫回复：宝宝会本能地惧怕犯错和危险。如果宝宝犯错，父母安慰为先，等宝宝情绪平复后，再一边给他讲道理，一边指导他该如何正确处理。对宝宝要合理“惩罚”，目的是让宝宝知道犯错是需要“补偿”的，其代价视事情严重程度而定。惩罚的具体方式可以根据各家情况而定，比如可以让宝宝做些家务，作为“劳动补偿”；也可以限制他看动画片的时间，作为“娱乐补偿”等。

如何培养宝宝的快乐情绪?

梁大夫回复：快乐是一种情绪，也是一种性格。父母要给予宝宝足够的自由度，经常与宝宝进行朋友似的沟通。在教育宝宝时，也从尊重他们的角度出发，多采用正面教育、多鼓励，例如“你真棒，画得真不错，如果再多选些颜色就更漂亮了。”另外，要尊重宝宝的兴趣爱好，发现其快乐的源泉。快乐虽然对每个成人来说都是不一样的体验，对孩子来说却是大同小异。他们会为了得到一个玩具而快乐，会因为老师的一声赞扬而快乐，会为了获得一颗五角星而快乐。

宝宝急救指南

快速应对突发意外

吞入异物

异物不同，应对方式不一样

宝宝吞入异物的情况一般分为三大类：气道异物、食管异物和胃肠道异物。宝宝吞进的异物可大可小，性状各异，因此一旦发现宝宝吞进异物，首先应该判断宝宝的状况。

气道异物最危险

气道异物卡在喉管或支气管处最危险，多见于 2 ~ 5 岁儿童，他们在吞入异物后大多不会表达或表达不清。家长可以根据以下情况来判断：宝宝在进食或活动时突然停止，开始出现阵发性大声呛咳、喘息伴哮鸣音、面色青紫、呼吸困难等症状。

发现宝宝吞食异物后，有些家长不知道如何急救。然而，如果处理方法不当，往往会使异物深入或造成并发症使情况恶化。

一些家长发现情况后，用手抠异物，可能会造成局部水肿、出血，加重呼吸困难；给宝宝喝水可能会造成异物进一步膨胀，或使异物顺水进一步向下走；继续进食，则会使异物下行，并导致异物和食物难以辨认；实施催吐则可能导致异物卡死。

儿童吞食异物“十大杀手”排行	
1. 花生	6. 纽扣
2. 瓜子	7. 豆类
3. 硬币	8. 吊坠
4. 笔头	9. 电池
5. 鸡骨头、鱼刺等骨头类	10. 发卡

稳住阵脚，及时求救

异物的种类、性质不一样，处理的方法也不一样。发现宝宝吞食异物后，最好的办法是第一时间到医院进行检查，确定异物大小形状及异物的位置。或者立即拨打急救电话 120，并跟医生说明宝宝的情况。

父母千万别自乱阵脚，随意挪动或者剧烈摇晃宝宝都是不恰当的行为。一定要自己先冷静下来。

遭遇宝宝吞食异物，父母要学习的 2 个急救法

扫一扫，听音频

最好的急救方法是预防

婴幼儿感知世界的最常用方式就是吃，而他们不知道什么能吃什么不能吃。儿童吞食异物造成伤害的最重要原因是家长疏忽监管。因此，家长应该严加注意，做好预防。

比如，叮嘱宝宝不要随便将东西放入口内，也不要将小东西放在身边；玩玩具前，先检查是否有零部件松散或脱落；尽量将食物切小切碎让宝宝食用；进食时避免嬉笑、说话、行走、跑步。

另外，家中的细小杂物不要让宝宝接触，尤其宝宝一个人玩耍时更要注意。给宝宝食用带硬壳的食物时，一定要剥干净，不要让宝宝自己拿取。

“海姆立克”急救法

5 次拍背法

将宝宝的身体置于大人的前臂上，头部朝下，大人用手支撑宝宝头部及颈部；用另一手掌掌根在宝宝背部两肩胛骨之间拍击 5 次。

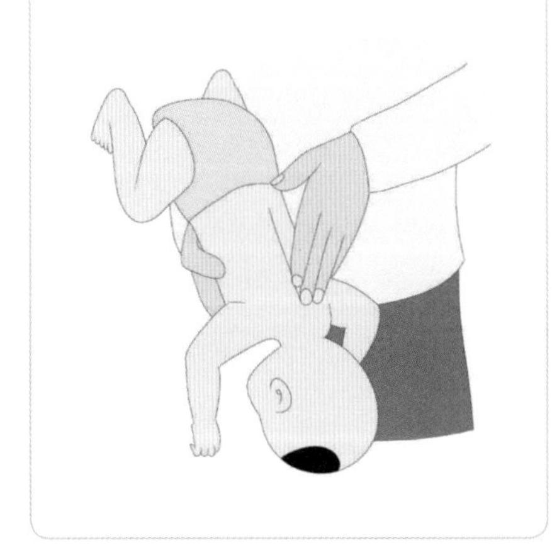

5 次压胸法

如果堵塞物仍未排除，实施 5 次压胸法。使宝宝平卧，面向上，躺在坚硬的地面或床板上，大人跪下或立于其足侧，或取坐位，并使宝宝骑在大人的两大腿上，面朝前。以两手的中指或食指放在宝宝胸廓下和脐上的腹部，快速向上重击压迫，但要刚中带柔。重复按压直至异物排出。

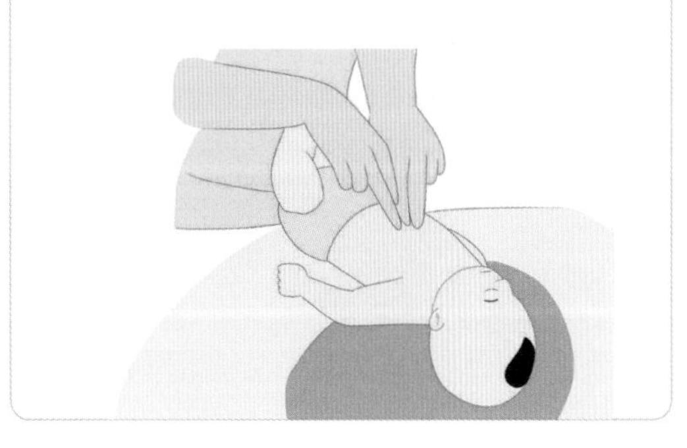

眼耳鼻进入异物

眼睛进入异物

异物不小心进入眼睛看似是一件小事，但如果没有及时处理，很可能会导致结膜炎甚至角膜炎。

眼睛会因异物入侵而产生不适感，宝宝难免会用手去揉眼睛，这可能导致眼睛更大的伤害。所以，当怀疑宝宝因眼睛有“脏东西”而去揉眼时，首先应将宝宝的双手按住，以制止他再去揉眼睛。

2
准备凉白开、
汤匙

迅速准备一碗干净的凉白开（必须是经过煮沸的自来水或矿泉水），用汤匙盛水来冲洗眼睛。

将宝宝的头部倾向受伤眼睛的那一面，如左眼受伤则向左侧倾斜，慢慢用凉白开冲洗受伤的眼睛约 5 分钟。

待不适感稍稍缓和，可试着闭起眼睛让眼泪流出，让异物随泪液自然流出眼睛。

由于家长很难自行判断异物是否已经取出，或对眼睛有无伤害，因此建议无论异物取出与否，应立刻带宝宝到医院做进一步检查。

耳朵进入异物

宝宝耳内存在异物的情况比较常见，容易被人忽视，家长应充分重视。若取物方法不当，容易造成耳内感染甚至引发更严重的并发症，进而导致宝宝听力障碍。

耳中异物“取之有方”

1. 如果进入耳内的是比较圆滑的东西，且接近外耳道的入口，在宝宝配合的情况下，家长可以用镊子、挖耳勺等将异物取出。如果是尖锐的东西，则需要到医院就诊。

2. 若宝宝耳朵进了蟑螂等，家长切忌用手去拽、抠。因为蟑螂等生物有爪子，若受到外界的刺激，它会拼命往里爬，可能会造成耳道损伤。

3. 如果钻入耳朵的是蛾蠓、蜱虫等，可以先在耳朵内滴上几滴植物油，填满耳道即可。这样可以将耳内的虫子淹死，或者滴点婴儿油、酒精，虫子就会窒息而死，然后把耳朵朝下，虫子会连同油流出。随后则要到医院就诊，进行必要的清理。另外，家长还可用光照射耳朵，因为虫子具有向光性，可利用光线将虫子诱出。

难取异物应及时求医

不常见的异物家长最好不要自行掏取异物。因为人的外耳道是 S 形的，内部有狭窄区域，若自取方法不当，一方面可能把异物尤其是球形异物越捅越深，另一方面容易引起外耳道炎，有时这种炎症很难控制，而且会破坏外耳道的自洁功能。此外，自行掏取异物容易损伤外耳道皮肤而引发感染，甚至导致耳膜穿孔。一旦耳朵被掏伤，伴有血迹，则应立即到医院就诊。

育儿专家提醒

异物入耳，就医有诀窍

要选择去正规医院的耳鼻咽喉科就诊，请医生检查宝宝的外耳道。如果宝宝耳朵的确有异物，则请有经验的医生取出。医院都会有一个应急流程，家长可挂急诊，不用排队。

鼻腔进入异物

宝宝鼻腔进入异物是常见的急诊疾病，但家长处理往往不得法，把好处理的事变得难处理，增加危险。

切忌乱掏

小宝宝玩耍时自己不知道危险，从而好奇地把异物塞进鼻孔里，常见的有花生、黄豆、钢珠、电池、珍珠、口香糖、塑料泡沫等。

和感冒不一样，鼻腔异物只会引起单侧鼻孔堵塞，一般不会引起明显的症状。因此很多时候宝宝不会哭闹，慌张的只是家长。只要家长不试图强行取出异物，宝宝往往一路玩到医院，有时在路上，异物就自己随着鼻腔分泌物滑出。比如，经过一路颠簸，宝宝鼻腔里的黄豆也许会自行滑出，可如果家长乱掏，黄豆被捅到鼻腔后部，要取出来难度就加大了。

及时送医

发现鼻腔异物时，家长切忌盲目钳夹，这样不但会引起宝宝不安、烦躁，还容易将异物送入鼻腔深部。人的鼻腔前段是软鼻甲、后段是硬鼻甲，异物越往里会卡得越紧，个别球形物品甚至会滑入气管。如果出现这种情况，就可能需要纤维支气管镜取异物了，这需要全麻进行，风险大大增加。

和没有受过专业训练的家长相比，医生通常选择的是“套挤”方式——即把镊子伸到异物后方拉出，也可以在特殊的体位下，把异物送进咽喉部。这样取异物可以迅速解决问题，也不会留下任何后遗症。

育儿专家提醒

发现宝宝鼻腔异样，切勿在家自行处理

由于很多时候鼻腔异物没有特异症状，有时粗心的家长在宝宝的鼻子堵塞几天后才发现，有些植物类异物如黄豆都腐败变臭了，有些异物也变成了结石与周围组织粘连固定。这种情况就必须选择手术切开取异物了。因此，家长应多留意宝宝的举动，如果发现宝宝异样，应及时送医，切勿在家自行处理，以免造成严重后果。

溺水及窒息

首先保证呼吸道通畅

当溺水的宝宝被救上来后，我们应该怎样做呢？首先我们要判断他的意识、呼吸是否存在，然后清除口鼻异物，迅速控水等。

被救上来后判断是否有呼吸

拍打刺激宝宝（婴儿要轻拍足底，同时呼喊其名字；1岁以上的宝宝要轻拍双肩），及时观察他的呼吸，如果他有反应、有呼吸、能哭，需要马上为宝宝保暖，让宝宝侧卧或坐直，同时家长要随时观察宝宝的状态，让宝宝在心理上得到安抚。

按正确方法清理口鼻污物

溺水的宝宝经常会有泥沙、水草堵塞气道，所以要检查宝宝口鼻有没有泥沙和水草。如果嘴里有泥沙和水草，用小拇指把泥沙、水草取出来。然后，用一只手扶住宝宝的额头，另一只手的食指放在他的下巴处，轻轻让头部后仰，这个动作可以开放被悬雍垂由于重力的原因下坠造成的气道阻塞。

有呼吸要迅速控水

如有呼吸，将宝宝面朝下抱起，迅速控水。最简便的方法是：救护者一腿跪地，另一腿出膝，将溺水者的腹部放在救护者的膝盖上，使其头部下垂，然后按压其腹部、背部排出体内的水。

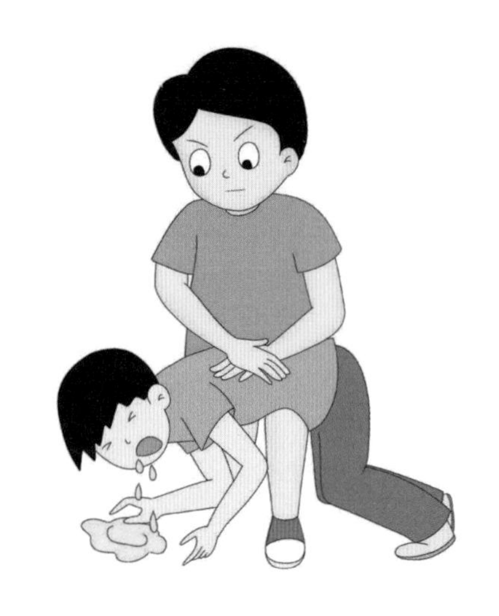

根据口鼻大小做人工呼吸

如果宝宝无呼吸但有心跳，即“假死状态”，这时需要第一时间实施人工呼吸。

根据口鼻的大小做人工呼吸

人工呼吸根据宝宝口鼻的大小，如果是比较大的儿童，可以进行口对口的吹气，如果是小婴儿，可以进行口对口鼻的吹气。吹气的时间为 1 秒钟，间隔 1 秒钟再吹，两次通气大概 4 秒钟完成。

儿童（1岁以上）
进行口对口的吹气

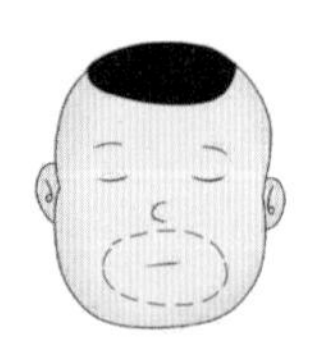

婴儿（0~1岁）
进行口对口鼻的吹气

育儿专家提醒

人工呼吸的注意事项

只要看到胸部或腹部有明显的起伏就可以了，注意在吹气的时候也要保持气道的通畅，千万不要一吹气又把下巴给压下去了，这样反而会造成气道的梗阻，或者把气吹到胃里，造成胃反流，使气道的管理更加困难。

根据身材大小做胸部按压

如果宝宝无呼吸无心跳，这时需要立即就地进行心外按压，同时拨打急救电话。如无法同时进行，先进行 5 组心肺复苏，再拨打急救电话。需要指出的是，心肺复苏的按压是很专业、很讲究方式力度的，如果未经过训练，不要轻易尝试。

根据儿童的身材大小做胸部按压

一定要根据儿童的身材开始做胸部按压，如果是小婴儿，可以用两指在他的两个乳头中线下方进行按压；如果是四五岁的儿童，可用手掌在他胸部的正中间，掌根的位置放在他两个乳头连线的中点和胸骨交界处，放上去，进行单掌按压或者是双掌按压；如果是大孩子，可以进行双掌按压。

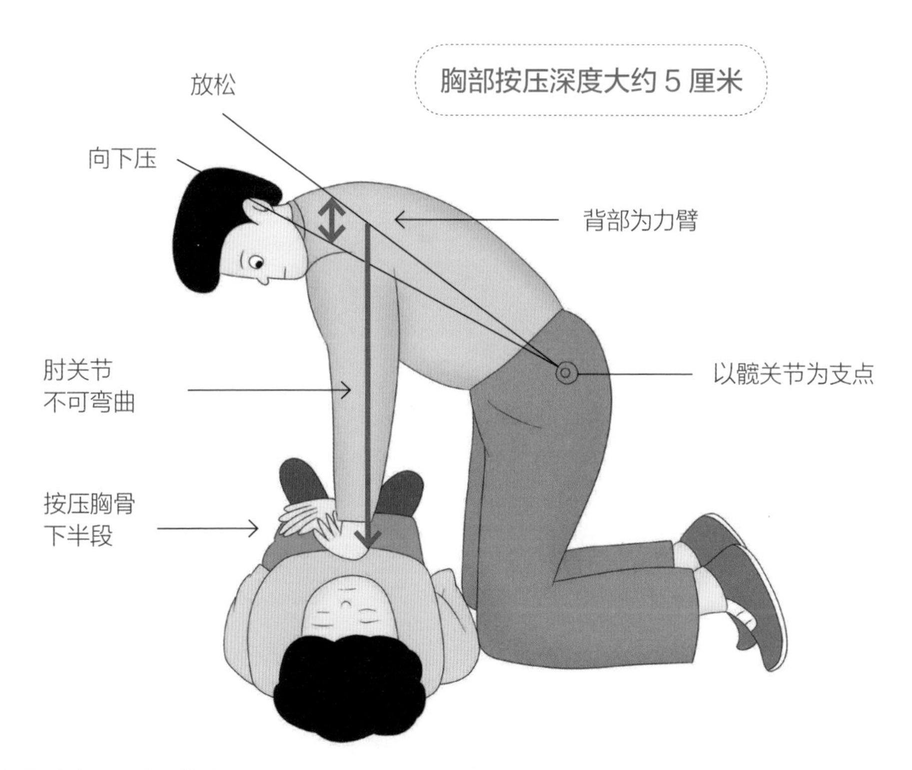

胸部按压有讲究

按压的深度大约 5 厘米，或者是整个胸壁厚度的 1/3 左右，按压的频率是每分钟至少 100 次。

划伤、撞伤、烫伤

手部出血

宝宝是非常活跃爱动的，在活动、游戏时经常会被树枝、尖刀等划破小手。父母该怎么办？

快速止血法

指头出血

当宝宝指头出血时，父母可以用自己的手指按压宝宝受伤的指头，这样就可以起到止血的作用。

掌心出血

宝宝掌心出血时，父母可以用力按压宝宝腕关节内的桡动脉止血，即我们通常所说的脉搏处。

育儿专家提醒

避免划伤

妈妈要将各种尖锐物品放好，使它们远离宝宝，否则宝宝很容易在玩耍这些物品时扎伤或划伤自己。宝宝在外面玩耍时应远离灌木丛，宝宝在经过灌木时容易被枝条划伤。

护理措施

消毒

可以在宝宝伤口处用复方碘或碘伏等擦拭消毒，防止宝宝伤口感染。

裹纱布

消毒后，可用干净的纱布将宝宝伤口处包紧，这样可以避免空气中的细菌侵蚀伤口或再次出血。

控制抓挠

长期包扎的伤口会有酸麻的感觉，这时要控制宝宝抓挠伤口，否则很容易导致伤口破裂。

鼻出血

在干燥多风的季节，宝宝很容易流鼻血，尤其是北方地区，室内室外空气湿度都很低，宝宝鼻腔内的分泌物会结成干痂，鼻黏膜会因为干燥而不舒服，宝宝就会经常不由自主地用手抠鼻子，导致脆弱的鼻黏膜血管破裂出血。

宝宝鼻子出血不要慌

鼻出血前往往没有任何征兆，所以，宝宝可能会被这突如其来的情况吓得大哭。此时妈妈不要慌乱，应该按下面的步骤做：

1 一边安慰宝宝，一边让他坐下，但不要让宝宝过分后仰，防止血液向后流入咽喉，引起不适。

2 妈妈一手扶住宝宝的后脑勺，一手用拇指和食指稍用力压住宝宝鼻翼两侧。一般压迫 5 ~ 10 分钟即可止血。

3 如果用压迫的方法还不能止血，可用医用脱脂棉球填充宝宝的鼻腔，要尽量填充得紧一些。同时，在宝宝的鼻梁部位放冰袋或用冷水浸湿的毛巾冷敷，也可收缩鼻部血管，帮助止血。

护理措施

在室内使用加湿器、放个水盆或种一些绿植，增加室内空气的湿度。

如果宝宝鼻腔比较干燥，可以用鼻腔护理喷雾剂 (儿童型) 每天喷鼻 2 ~ 3 次。

纠正宝宝爱抠鼻子的坏习惯，防止机械刺激导致鼻黏膜血管破裂。

多给宝宝喝水，多吃水果蔬菜，肉类、油腻食物不要吃得太多，保持宝宝大便通畅。

加湿器最好坚持每天换水，使用一周左右按说明书清洁一次。

头部撞伤

宝宝成长过程中常常会发生磕到头、撞到手臂等意外，特别是撞到头时，家长总是担心会不会伤到脑子。宝宝跌伤或撞伤时，应立即做好应急处理，然后根据受伤程度判断是否需要送医。

可先在家观察的情况

- 意识状态良好，撞伤后，叫他有反应，和他对话也能比较清楚地回答或做出反馈。
- 有出血但出血不多，通过纱布按压等方式能止住。
- 哭闹，但哭闹时间不长，能渐渐自行平息。

需立即就医的情况

- 意识模糊，神情呆滞、昏迷或半昏迷，叫他没有反应，讲话突然变得语无伦次，嗜睡。
- 出血较多，一时无法将血止住。
- 哭吵不止，极度烦躁，长时间无法安抚。
- 骨骼异常，撞伤部位骨骼凹陷。

急救方法

按压

如果宝宝头部伤口出血量较多，妈妈需要及时按压宝宝头部的血管。如果是宝宝面部出血，妈妈可以用拇指压迫下颌角与颏结节之间的面动脉；如果是宝宝前额出血，妈妈可以用拇指压迫耳前下颌关节上方的颞动脉；如果是宝宝后脑勺出血，妈妈可以用拇指压住耳后突起下稍外侧的耳后动脉。切忌用力按压。

及时送医

出血严重时可用卫生纸、纱布压迫包扎止血，然后立即送医处理。送医时应让宝宝平卧，头侧向一边。

育儿专家提醒

防止宝宝在家磕着碰着

为了防止宝宝头部碰伤，妈妈可以将室内那些离地面不高的物品移走或用防磕物品包裹桌角处等，这样一来，淘气的宝宝就不容易撞头了。另外，宝宝头部碰伤很多时候是滑倒造成的。为了防止宝宝滑倒，可以在地面铺上一层防滑物，并及时擦去地面上的水。

护理措施

1

观察外伤

如果跌伤后没有皮损、出血等情况，应观察宝宝是否有凹陷性骨折和血肿，前囟未闭的宝宝，需轻轻按压感觉其是否饱满，如果有异常，应立即送医院。

2

有肿块时——冰敷

受伤 24 小时内局部用冰块冷敷可缓解症状。可以用毛巾包裹冰块或冰袋，敷在肿块处，以减少出血和疼痛。24 小时后应局部热敷，以促进瘀血的吸收。

3

合并有伤口时——消毒、止血

如果伤口不大，可以用蘸有碘伏的消毒棉棒从伤口中央由内向外环状清洗伤口，消毒范围距伤口边缘 2 厘米以上；之后以干棉球、棉棒或纱布拭净。需要特别注意的是，一根消毒棉棒只能擦拭 1 次，动作要轻柔。

4

包扎伤口

消毒后可以用纱布包扎伤口。最好不要在宝宝伤口擦拭红药水或止血粉等药物。要定期为宝宝更换包扎伤口的纱布，以免感染，影响伤口愈合。

5

定期复诊

如果宝宝出现严重的颅脑损伤，经治疗后，仍需定期回医院检查。部分颅脑损伤，如颅内出血，出院时陈旧性出血未完全吸收，脑脊液循环未完全通畅，脑组织仍暂时受压。因此，必须在宝宝出院后 1 周内到医院检查其吸收恢复情况，必要时行康复治疗，以将后遗症减至最少。

摔倒磕伤

宝宝摔倒碰伤在所难免，皮肤擦伤、肿胀时应该如何处理呢？

皮肤擦伤

1

伤口上的脏物可能会引起感染，因此需要坚持无菌操作。可用凉白开、矿泉水或自来水冲洗损伤部位，确保没有脏东西留在里面，防止感染。

擦干伤处，覆盖干净纱布。避免使用碘酒，以免增加宝宝的痛苦。

如果擦伤部位比较大，或者有渗出物，最好使用医用消毒纱布覆盖，紧急情况下可用干净的手绢、毛巾、纸巾作为替代品敷在擦伤处。禁止使用面粉和牙膏敷在擦伤处。注意，擦伤部位如果是手指或脚趾，不要把手指或脚趾缠得过紧，以免影响血液循环。

应对肿胀

撞伤时，可用冰块冷敷肿胀处，减轻疼痛。

2

第三天起采用热敷（不要烫伤宝宝），每天2～3次，直至消肿。

育儿专家提醒

宝宝撞伤，这些行为不能有

不要用手直接去触摸擦伤的皮肤，甚至去撕扯，以防细菌侵入；不要用手去揉压肿胀处，以免瘀血不散，自然而然消肿最好。

烫伤

在洗澡、喝水的过程中，时常会出现因为父母的操作不当，或者宝宝乱动而导致烫伤的发生。宝宝烫伤不要慌张，及时采取应对措施。

切忌胡乱扯下患儿的衣服，这样会增加衣物对烫伤表皮的摩擦，加重皮肤烫伤的损害，甚至会将受伤的表皮拉脱。可以拿剪刀将衣物剪开。

2
凉水浸泡或冷毛巾敷于创面

如果是面积不大的肢体烫伤，可用冷水浸泡 20 ~ 30 分钟，这样可以减轻损伤和疼痛；如果是其他部位的烫伤，也可用冷毛巾敷于创面，但切忌摩擦创面。因为用冷水处理创面可以带走烫伤皮肤内残存的热量，减轻进一步的热损伤，使创面迅速冷却下来。

3
避免乱涂药物

凉水冲过后用干净的毛巾或床单吸干伤口部位，可涂些烫伤膏。创面过大，应立刻送往医院诊治。
烫伤后乱涂牙膏、酱油、白酒、碘酒、酒精等物，可能会引起感染，还会增加医生观察和处理创面的难度。

育儿专家提醒

宝宝烫伤，不要接触性冰敷

不要用冰块直接冷敷伤处，过冷的刺激会对皮肤造成更大的伤害；不要涂润肤霜，防止引起进一步的过敏症状。

动物咬伤和蚊虫叮咬

猫狗咬伤

每年会有数百万人被狗咬伤，以及数十万被猫咬伤的病例。其中 3/5 被狗咬伤的是儿童。要知道狂犬病感染后不及时处理的死亡率几乎百分之百，因此，别把宠物抓伤或咬伤当作小事。如果遇到这类事情，应马上采取紧急处理措施。

1 冲洗伤口

如果被狗咬出血了，要马上用流动的水冲洗伤口，尽可能把毒素冲走，把血挤出去。如果有条件，最好用 20% 的肥皂水进行冲洗，连续冲 20 ～ 30 分钟。被狗咬伤的伤口往往外口小、里面深，这就要求冲洗的时候尽可能把伤口扩大，并用力挤压周围软组织，设法把沾在伤口上的狗的唾液和伤口上的血冲洗干净。

2 伤口消毒

用碘酒消毒，再用酒精洗掉碘酒，如此反复 3 次。如果伤口大量出血，尽快到正规医院让医生对伤口进行清理和包扎。千万不要自行包扎伤口或将伤口紧紧裹住，要尽量让伤口裸露在外。

3 接种疫苗

尽快到当地防疫部门注射狂犬病疫苗，如果当时不能去，也要在 24 小时内到医院注射第一针狂犬病疫苗，决不能拖几天才去注射。在 28 天之内要完成狂犬病全程的疫苗注射。

育儿专家提醒

被猫狗咬伤后，这些行为不要有

不要用手去挤压处理后的伤口，防止伤口感染；不要用唾沫去杀菌，尽可能采取科学保守的救治方法。

蚊虫叮咬

新陈代谢快的人容易被蚊虫叮咬，因此小宝宝易遭蚊子袭击。尽管蚊虫叮咬多不严重，一般在 2 ~ 3 天内会自行好转，但有的蚊虫叮咬会出现严重的过敏反应，有时还会危及生命，那么如何预防宝宝被蚊虫叮咬呢？

带宝宝就医的情况

- 叮咬局部明显肿胀及疼痛
- 荨麻疹及全身痒
- 耳朵及嘴唇严重肿胀
- 突然出现呼吸急促，喘息，呼吸困难
- 无力甚至失去意识

当宝宝出现上述严重的过敏反应时，就应立即去医院。

如果蚊虫叮咬的症状在 48 小时还未好转或局部出现感染，比如红肿、刺痛或出现化脓、发热，也需要带宝宝去看医生。

科学护理

- 用毛巾对叮咬部位进行冷敷。可以把沾湿的毛巾放入冰箱冻一会再冷敷，或按压叮咬处。
- 可用炉甘石洗液涂抹叮咬处。
- 剪短宝宝指甲，避免宝宝抓搔感染。

预防蚊虫叮咬的措施

1. 当宝宝外出玩时，特别是晚上，尽量让宝宝穿轻薄的长衫和长裤，以减少宝宝的皮肤裸露。
2. 尽量不要给宝宝用香皂、香波或其他有强烈气味的物品，因这些容易招引来蚊虫。
3. 室内尽量不要存放开封的零食或饮料，最好把这些食物放入冰箱，因为这些食物易招引蚊虫。
4. 给宝宝用儿童专用的驱蚊药，且注意正确使用。

蜇伤

天气炎热的夏天往往是蜂蝶类昆虫活动的高峰期，天性活泼好动的宝宝很容易被小区绿地或是公园中的蜂虫蜇伤。尤其是一些有毒的蜂虫，对宝宝健康的威胁极大，家长带宝宝外出时应特别小心。

蜂蜇伤有哪些表现

一般常见的蜂有蜜蜂和马蜂，蜂螫人是靠尾刺把毒液注入人体，只有蜜蜂螫人后把尾刺留在人体内，其他蜂螫人后将尾刺收回。被单个蜂蜇伤，一般只表现为局部红肿和疼痛，数小时至 1 ~ 2 天内自行消失。

蜂毒过敏者可引起荨麻疹、鼻炎、唇及眼睑肿胀、腹痛、腹泻、恶心、呕吐，个别严重者可致喉头水肿、气喘、呼吸困难、昏迷等。

先检查伤口，取出蜂刺

被蜜蜂蜇伤后，要仔细检查伤口，若尾刺尚留在伤口内，可见皮肤上有一小黑点。可用镊子、针尖挑出，在野外无法找到针或镊子时，可用嘴将刺在伤口上的尾刺吸出，不可挤压伤口以免毒液扩散，也不能用红药水、碘酒等药物涂擦患部，这样只会加重患部的肿胀。

不同蜂毒的消毒处理

蜜蜂蜇伤

蜜蜂的毒液呈酸性，所以可用小苏打水、肥皂水、氨水等碱性液体洗涤涂擦伤口以中和毒液。也可用生茄子切开涂擦患部以消肿止痛。伤口肿胀较重者，可用冷毛巾湿敷伤口。

黄蜂蜇伤

因其毒液呈碱性，所以用弱酸性液体中和，如食醋、人乳涂擦患部可止痛消痒。

马蜂蜇伤

用马齿苋嚼碎后涂在患处可起到止痛消肿作用。

中暑

如何判断宝宝是否中暑了

当外在温度太高时，易对身体造成伤害，轻度的伤害会使宝宝大量流汗，而当宝宝水分流失过多，就可能产生轻度中暑或热衰竭现象，家长千万不要以为宝宝只是一般的发热感冒，应及时采取消暑措施。

宝宝中暑的征兆

中暑前的征兆	轻度中暑的征兆	重度中暑的征兆
头晕、头疼、汗多、口渴、行走不稳、注意力不集中。	体温升高、面色潮红、胸闷、皮肤干热、恶心、呕吐。	大量出汗、面色苍白、脉搏细弱、抽搐甚至昏迷、发热、脱水。

热衰竭的急救

重度中暑也称热衰竭。遇到这种情况，应将过多的衣物脱掉帮助宝宝散热，用冷水（开始时不要用太冷的水，要逐渐降低水温）擦拭宝宝身体、补充水分（应补充凉白开、纯果汁或淡盐水，绝不可以给宝宝喝含有咖啡因的饮料）。如果宝宝呕吐，则不可以喝水，必需赶紧送医急救。

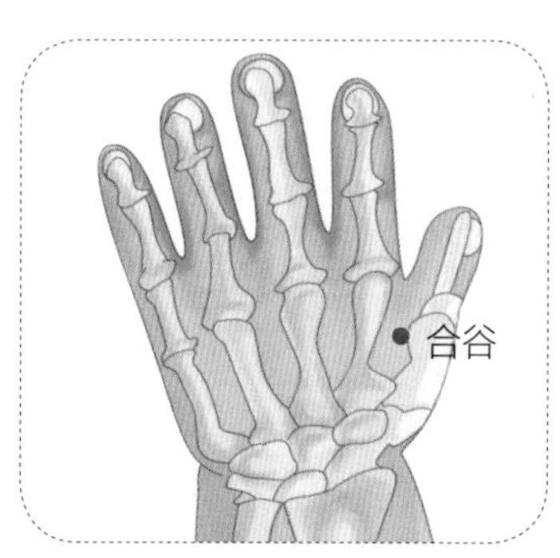

如果宝宝一直昏迷不醒，可以用大拇指按压合谷等穴位。

宝宝中暑后的急救措施

当宝宝出现轻度中暑症状时不要惊慌，只要按照以下步骤，积极采取适当的保护措施，宝宝的情况就会好转的。

1 立即将宝宝移到通风、阴凉、干燥的地方，如走廊、树荫下或有冷气的房间休息。

2 让宝宝仰卧，保持呼吸道通畅，解开衣扣，脱去或松开衣服，用湿毛巾擦拭全身以降温；如宝宝的衣服已被汗水湿透，应及时给宝宝更换衣服，同时打开电扇或空调，以便尽快散热，但风不要直对着宝宝吹。

3 在宝宝意识清醒前不要让其进食或喝水，意识清醒后少量多次饮淡盐水，补充足够的水分和盐分，每次饮水量以不超过300毫升为宜。也可以给宝宝喝一些鲜果汁，还可口服藿香正气水等。

育儿专家提醒

宝宝中暑后三忌

忌大量饮水：切忌狂饮不止，以免冲淡胃液，进而影响消化功能，还会引起反射性排汗亢进，造成体内水分和盐分大量流失，严重者可导致热痉挛的发生。

忌大量食用生冷瓜果：中暑的宝宝脾胃尚处于虚弱状态，如果大量吃生冷瓜果，会损伤脾胃阳气，使脾胃运动无力，寒湿内滞，出现腹泻、腹痛等症状。

忌吃大量油腻食物：中暑后应该少吃油腻食物。油腻食物会加重胃肠负担，使大量血液滞留于胃肠道，输送到大脑及其他部位的血液相对减少，人体就会感到疲惫加重，更容易引起消化不良。

中暑后，单纯补白开水容易造成电解质紊乱，应喝淡盐水（可在淡盐水里加点冰糖或白砂糖），以补充水分和电解质。

外出时如何预防宝宝中暑

天热带宝宝外出，预防中暑很关键，主要应注意以下几个方面：

1

夏日带宝宝到户外玩耍，最好控制在上午 10：30 前和下午 4：00 以后，以保证宝宝在温度相对低的时段出来活动，即便在这些时候，也要让宝宝尽量在阴凉处活动，避免阳光直晒，同时避免让宝宝剧烈运动，以防出汗过多。

2

给宝宝穿透气性好的衣服，如纯棉质地或真丝质地的衣服，颜色尽量浅一些，这样不至于吸收太多的热量，款式要宽松，便于透风。

3

天气炎热，宝宝容易晚睡晚起，生物钟被扰乱后，宝宝易体力下降、耐热能力减弱。其实，越是气温升高时，越应让宝宝严格按照以往形成的作息规律起居。

4

由于气温高宝宝出汗多，因此要经常进行水分的补充，除了多喝温水外，还可以给宝宝喝些绿豆汤等。在户外活动时，也要适时给宝宝喝水，回家后喂点淡盐水或吃点西瓜都是不错的选择。

5

如果是带着还不会走路的小宝宝出来玩，不要把宝宝放在童车里固定在一个地方不动，因为太阳不停地移动，光线也会随之变化，原来不晒的地方，过一会儿有可能就被太阳晒着了。

育儿专家提醒

宝宝夏季外出必备

防晒霜： 6 个月以上的宝宝外出游玩，可以涂抹防晒系数 15 以上的防晒霜。
帽子： 最好是帽檐很大可以耷拉下来遮住宝宝的耳朵和脖子的那种帽子。
保温壶或保温瓶： 这里的保温指的是保持低温，因为高温情况下食物、饮料容易变质。
充足的水：高温下水分消耗快，宝宝需要饮用大量的水。
太阳镜： 要给宝宝配备儿童专用的太阳镜。
小手巾或纸巾： 用来擦汗或临时遮阳。

食物中毒

上吐下泻，注意是否食物中毒了

食物中毒是由于进食被细菌及其毒素污染的食物，或摄食含有毒素的动植物而引起的急性中毒性疾病，一般可分为细菌性（如大肠杆菌）、化学性（如农药）、动植物性（如河豚、扁豆）和真菌性（毒蘑菇）食物中毒。

育儿专家提醒

宝宝腹泻别忘补液

过去，人们常为了终止腹泻而不敢喝水，但对一个上吐下泻的人来说，补充水分是当务之急。在这种情况下，以喝口服补液盐为最好。同时，在腹痛想排泄的时候，最好尽量把握如厕的机会，将秽物全部排掉。

食物中毒的家庭应急措施

宝宝一旦出现上吐下泻、腹痛等食物中毒症状时，千万不要惊慌失措，应冷静地分析发病的原因，针对引起中毒的食物以及吃下去的时间长短，及时采取如下应急措施：

1

催吐

对中毒不久而无明显呕吐者，可先用手指、筷子等刺激其舌根部的方法催吐，或取食盐 20 克，加开水 200 毫升，冷却后一次喝下以减少毒素的吸收。如催吐后呕吐物已为较澄清液体时，可适量饮用牛奶以保护胃黏膜。如在呕吐物中发现血性液体，则提示可能出现了消化道或咽部出血，应暂时停止催吐，立即就医。

2

导泻

如果吃下去的中毒食物时间较长（如超过 2 小时），而且精神较好，可采用服用泻药的方式，促使有毒食物排出体外。

3

利尿

大量饮水，稀释血中毒素浓度，并服用利尿药。

4

解毒

如果是吃了变质的鱼、虾、蟹等引起的食物中毒，可取食醋 100 毫升，加水 200 毫升，稀释后一次服下。若是误食了变质的饮料或防腐剂，最好的急救方法是用牛奶或其他含蛋白质的饮料灌服。

育儿专家提醒

紧急处理后及时就医

以上紧急处理只是为治疗急性食物中毒争取时间，在紧急处理后，患者应该马上送入医院进行治疗。同时注意要保留导致中毒的食物，如果身边没有食物样本，也可保留患者的呕吐物和排泄物，以方便医生确诊和救治。

如何预防宝宝食物中毒

配方奶储存、冲泡得当

配方奶应保存在低温干燥的地方，不要储存在冰箱中；冲泡前先洗净手，并确定奶瓶、奶嘴、瓶盖等冲调器具已煮沸消毒。营养丰富的配方奶是细菌最佳繁殖地，必须现冲现喝。

购买新鲜、安全食材

购买肉菜瓜果要注意新鲜干净。不要采摘、捡拾、购买和食用来历不明的食物。也不要给宝宝吃生鱼片、烤制的生蚝、腌制的水产品，因为这些水产品中大多含有一定量的病菌和寄生虫，易引起中毒。

冷藏、冰冻食品再烹饪有讲究

冰箱冷藏室温度应保持在10℃以下，生熟食要分开用容器存放。从冰箱里取出来放置2小时以上的熟肉等，不要再给宝宝食用。冰冻的肉类，在烹调前应彻底解冻，解冻过的禽畜肉及鱼类不宜再次复冻。

餐具常消毒，卫生要做好

制作辅食的器具以及宝宝的餐具，洗净之后要定期进行消毒，如菜板等工具可用煮沸的水反复冲洗；抹布洗干净之后，再放到日光下曝晒1小时以上，以确保膳食安全，截断食物中毒的源头。

父母要养成良好的个人卫生习惯，烹调食物和接触生肉或活禽后要及时洗手。宝宝要养成饭前饭后、大小便前后洗手的好习惯。

不吃变质食物

尽量不要给宝宝吃市售的加工熟食品，如各种肉罐头、肉肠、袋装烧鸡等，这些食物中含有一定量的防腐剂和色素，容易变质，特别是在炎热的夏季。饭菜要现做现吃，避免吃剩饭剩菜。

梁大夫直播间

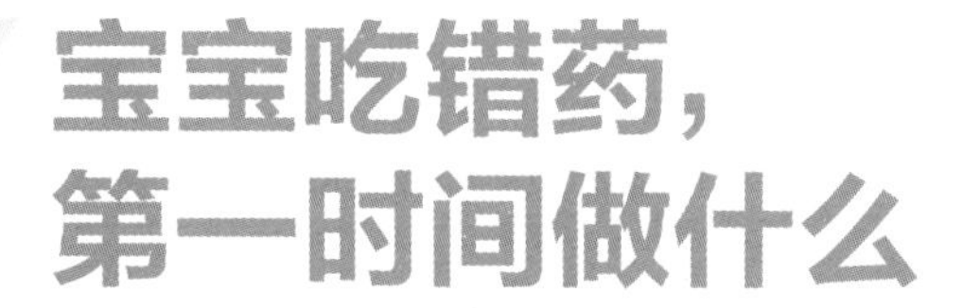

宝宝吃错药，第一时间做什么

在医院里，经常看到父母急匆匆地带着宝宝来看急诊，说是宝宝误吃了不该吃的药！对宝宝来说，花花绿绿的药片和糖果没什么区别，而且，宝宝对药物的耐受力不如成人，一旦吃了不该吃的药，很可能会造成严重的后果。下面告诉家长一些宝宝吃错药的家庭应急处理法。

误吃普通中成药、维生素、止咳糖浆等毒副作用小的药物

让宝宝多喝凉白开，这样可以使血液中的药物浓度得到稀释，并通过多排尿，将药物及时排出体外。

误吃有剂量限制要求的药物

有的药物毒副作用较强，且有一定的剂量限制，如降压药、退热镇痛药、抗生素及避孕药等。如果发现宝宝误服了这些药，要迅速用手指或筷子等刺激宝宝的舌根（咽后壁）催吐，然后喝大量水，反复呕吐洗胃。催吐和洗胃后，让宝宝喝几杯牛奶，以保护胃肠道黏膜。

误吃外用药

外用药大多具有毒性及腐蚀性，宝宝误吃了应尽快处理。如果宝宝误喝了碘酒，要赶紧给宝宝喝面糊、米汤等淀粉类流质食物，因为淀粉与碘作用后，能生成碘化淀粉，毒性就大大减小了。随后还必须把这些化合物催吐出来，反复多次，直到呕吐物不显蓝色为止。

注：上述家庭急救措施完成后，应立即送宝宝到医院观察、救治。去医院时，一定要带上宝宝错服药的包装和说明书，供医生抢救时参考。

网络点击率超高的问答

昆虫叮咬只引起皮肤症状吗？

梁大夫回复：不是。昆虫叮咬不仅会直接损伤皮肤，还会妨碍宝宝的休息，严重者可能会引起全身反应甚至过敏性休克。昆虫叮咬也是许多传染病的传播途径之一。宝宝的皮肤娇嫩，被昆虫叮咬容易损伤，带宝宝出门一定要做好防护。

如何预防宝宝误服中毒的发生？

梁大夫回复：预防误服中毒的发生，父母的安全意识最关键。很多误服中毒在日常生活中是可以避免的。

把所有药物放在宝宝拿不到的地方，不要用糖果盒等常规装食品的容器盛放药物。

喂宝宝吃药要严格根据说明书和医嘱使用，如果由老人喂药，最好写清楚服用方法，字要大，易识别。

家庭洗涤消毒用品等应放在宝宝够不到的地方，不要用饮料瓶存放。

从小要对宝宝进行安全教育，告诉宝宝不要随便把拾到的东西放进嘴里。

只有阳光很强烈的时候才会引起晒伤吗？

梁大夫回复：不是。晒伤是由于太阳光中的紫外线过度照射引起的皮肤反应，晒伤程度与光照、强度、时间和频率等有关。阴天，可能宝宝的户外活动时间更长也更频繁，而云层可以降低紫外线的强度，却不能吸收紫外线，所以较长时间待在户外，仍有被晒伤的可能。所以在进行户外活动时，无论晴雨天，都应该做好防晒工作。